暖通空调设计技术措施研究

张 磊 班 钊 于世晓 ◎著

U0335697

吉林科学技术出版社

图书在版编目（CIP）数据

暖通空调设计技术措施研究 / 张磊，班钊，于世晓
著. -- 长春 : 吉林科学技术出版社，2023.5
ISBN 978-7-5744-0481-6

Ⅰ. ①暖… Ⅱ. ①张… ②班… ③于… Ⅲ. ①采暖设
备－建筑设计－研究②通风设备－建筑设计－研究③空气
调节设备－建筑设计－研究 Ⅳ. ①TU83

中国国家版本馆 CIP 数据核字(2023)第 105664 号

暖通空调设计技术措施研究

作　者　张　磊　班　钊　于世晓
出版人　宛　霞
责任编辑　赵　沫
幅面尺寸　　185 mm×260mm
开　本　16
字　数　281 千字
印　张　12.5
版　次　2023 年 5 月第 1 版
印　次　2023 年 5 月第 1 次印刷
出　　版　吉林科学技术出版社
发　　行　吉林科学技术出版社
地　　址　长春市净月区福祉大路 5788 号
邮　　编　130118
发行部电话/传真　0431-81629529　81629530　81629531
　　　　　　　　　　81629532　81629533　81629534

储运部电话　0431-86059116

编辑部电话　0431-81629518

印　　刷　北京四海锦诚印刷技术有限公司

书　号　ISBN　978-7-5744-0481-6
定　价　75.00 元

前　言

　　暖通空调是建筑暖通设备中的重要组成部分。暖通空调能够调节室内温度，并且能净化空气，进而为人们提供更加舒适的室内环境。近年来，随着科学技术的迅速发展及人们对节能和环保要求的不断提高，暖通空调已成为现代化建筑必不可少的重要设施，这使得暖通空调产业进入了黄金时期。因地制宜地合理选择能源资源，充分有效地运用能源，提高建筑用能系统的效率，合理设计创造舒适的室内环境，并同时尽可能减少对室外环境的负面影响，是暖通空调设计必须解决的问题。

　　计算机技术的发展和广泛应用使近几十年来人类的生活状态有了空前的改变，各种科学的发展也因之飞跃加速，人们的知识、信息、数据，成百万倍地增加，逻辑的推理和记录事件使这种脑力劳动辅助工具变得方便、轻松、精细、快速。建筑业也有了为计算机技术建造设备机房的新使命。为新兴和发展迅速的计算机专用建筑营造必要的环境，是空调专业面临的新挑战。日益发展的信息产业带来的信息设备的巨大需求导致建筑的规模和能耗密度急剧膨胀。在机房整体耗电中，排除信息设备散热的空调设备，已约占整个能耗的近一半，必须使用节能环保的技术手段来降低其能耗，这对空调工程师来说，既是挑战也是光荣的使命。

　　本书是暖通空调方向的著作，主要研究暖通空调设计技术措施。本书从暖通空调相关知识介绍入手，针对供暖系统与通风系统设计、空气调节系统与防排烟设计进行了分析研究；另外，对暖通空调系统与设备控制节能技术、可再生能源技术与应用、数据中心机房侧冷源设备及系统设计做了一定的介绍；还对数据中心空调系统管理提出了一些建议。旨在摸索出一条适合暖通空调设计工作的科学道路，帮助其工作者在应用中少走弯路，运用科学方法，提高效率。

为了确保研究内容的丰富性和多样性，作者在写作过程中参考了大量理论与研究文献，在此向涉及的专家学者表示衷心的感谢。限于作者水平，加之时间仓促，书中难免存在一些疏漏，在此，恳请同行专家和读者朋友批评指正！

编者

2023 年 1 月

目 录

第一章 暖通空调相关知识

节能环保时代的到来为节能技术占优的企业赢得了更多商机，同时也为一些产品技术落后的品牌提出了挑战。节能环保成为国内暖通空调行业发展的趋势。本章分为热工学概述与湿空气的物理性质、传热基本原理两个部分。

第一节 热工学概述与湿空气的物理性质

一、热工学概述

在暖通空调工程中，经常会遇到计算供暖、空调房间负荷，确定换热设备规格，处理送入房间的空气等问题，要解决这类问题就需要具备热工学方面的知识。本节简要介绍有关水蒸气的性质、湿空气的性质，以及传热学的基本知识。

（一）基本概念

1. 工质

在暖通空调系统中，经常需要实现热能与机械能的转换、热能的转移等热力过程，通常都借助于一种能携带热能的工作物质来实现这些热力过程，这种工作物质简称"工质"，工程中常用的工质有气体、液体和蒸汽等。

2. 热力系统

热力学的重要研究方法之一就是选取及建立热力系统。本节研究的物质的热力状况，可以将这种物质利用一个闭合的边界（设备界面、与外界的接触面等真实或假想的边界），将其从周围的环境划分出来，边界内部所包围的空间物体就称为热力系统，边界外部物体称为边界或环境。

热力系统与外界之间没有热的相互作用，这种系统称为绝热系统。系统既不与外界发生质量交换，又不发生能量交换，则称为孤立系统。但孤立系统也可能是由几个物质和能量交换的分系统组成。这两个系统的概念是抽象的概念，虽然自然界不存在绝对的绝热系统和孤立系统，但对热力系统的研究有帮助。

3. 温度

温度是表征物体冷热程度的参数，是物质分子平移运动的平均动能的量度；在一个系统中，大量分子的热运动的情况可以用一个平均速度表示，分子热运动越强烈，分子热运动平均速度越大，表现为系统的温度越高。因此，气体的平均动能仅与温度有关，并与热力学温度成正比。可见，温度的高低标志着物质内部大量分子热运动的强烈程度。

物体温度用温度计测量。测量的依据是：处于热平衡中的各个物体间具有相同的温度。所以当温度计与被测物体达到热平衡时，温度计指示的数值即为被测物体的温度。为保证各种温度计测出的温度值具有一致性，必须有统一的温度标尺，即温标。热力学温标为基本温标，其基本温度为热力学温度，也叫绝对温度，用 T 表示，单位为开尔文（Kelvin），符号为 K。热力学温度也可采用摄氏温度，用 t 表示，单位为摄氏度，符号为℃。两种温标的关系为：

$$t = T - 273.15 \approx T - 273\,^{\circ}\mathrm{C} \tag{1-1}$$

4. 比热容

为了计算热力过程所交换的热量，必须知道单位数量物质的热容量。单位数量物质的热容量称为比热容。比热容的定义是：在加热（或冷却）过程中，使单位质量（1kg）的物质温度升高（或降低）1K（或 1℃）所吸收（或放出）的热量。表示物量的单位不同，比热容的单位也不同。对固体、液体常用质量（kg）表示，相应的是质量热容，用符号 c 表示，单位是 kJ/（kg·℃）。对气体除用质量外，还常用标准容积（m³，标态）和千摩尔（kmol）作单位，对应的是容积热容和摩尔热容。单位分别为 kJ/（m³·℃）和 kJ/（kmol·℃）。比热容除与物质性质有关外，还与其温度有关。在温度变化不很大的场合，一般可把比热容看作定值。

质量为 m、比热容为 c 的物质，从温度 t_1 升高到 t_2 所需吸收的热量 Q，可用式（1-2）计算：

$$Q = mc(t_2 - t_1) \tag{1-2}$$

气体比热容的大小与热力过程的特性有关。定压加热过程中气体的比热容称为质量定压热容，用符号 c_p 表示；定容加热过程气体的比热容称为质量定容热容，用符号 c_v 表示。定压加热是保持气体压力不变的加热过程。在一个闭口系统中，在气体定压加热过程中，气体可以膨胀，所以加入的热量除了用来增加气体分子的动能外，还应克服外力做功，因此对同样质量的气体升高同样的温度，在定压过程中所需加入的热量比定容过程要吸收更多的热量。因此，同种物质，其质量定压热容 c_p 比质量定容热容 c_v 大。

（二）水蒸气的物理性质

水蒸气是暖通工程上经常遇到的工质。因此，掌握水蒸气的性质十分重要。

1. 汽化

工质由液态转变为气态的过程称为汽化，相反的过程称为液化。汽化有蒸发和沸腾两种方式。蒸发是在液体表面上进行的汽化过程，它可在任意温度下进行。蒸发是由于液体表面上的一些能量较高的分子，克服其邻近分子的引力而离开液体表面进入周围空间所致。液体温度越高，具有较高能量的分子数目越多，蒸发越剧烈。蒸发除与液体温度有关外，还与蒸发表面积大小及液面上空的压力有关。由于能量较高的分子离开液面，致使液体分子平均动能减小，液体的温度随之降低。蒸发时与之相反的过程也在同时进行，即空间某些蒸汽分子与液面相接触而由气态转变为液态。

在封闭容器内，当蒸发与液化的分子数目相等时，蒸汽分子浓度保持不变，蒸汽压力达到最大值，此时气液两相处于动态平衡。两相平衡的状态称为饱和状态；所对应的蒸汽、液体、气液两相的温度和压力分别称为饱和蒸汽、饱和液体、饱和温度、饱和压力。在一定温度下的饱和蒸汽，其分子浓度和分子的平均动能是一个定值，因此，蒸汽压力也是一个定值。温度升高，蒸汽分子浓度增大，分子平均动能增大，蒸汽压力也升高。所以，对应于一定的温度就有一个确定的饱和压力；同样地，对应于一定的压力也有一确定的饱和温度。例如，100 ℃水的饱和压力为 101.325 kPa，20 ℃时其饱和压力为 2.29 kPa。

沸腾是指表面和液体内部同时进行的剧烈汽化现象。在一定的外部压力下，当液体温度升至一定值时，液体的内部产生大量气泡，气泡上升至表面破裂而放出大量蒸汽，这就是沸腾，对应的温度称为沸点。沸点随外界压力的增加而升高，二者具有一一对应关系。例如，压力为 100 kPa 时，水的沸点为 99.63 ℃；压力为 500 kPa 时，其沸点相应为 151.85 ℃。不同性质的液体沸点不相同，如：在一个物理大气压下，酒精的沸点为 78 ℃，氨的沸点为 –33 ℃。

2. 湿饱和蒸汽、干饱和蒸汽及过热蒸汽

若在定压下对液体进行加热，当达到饱和温度时，液体沸腾变成蒸汽；继续加热，则比容增加，温度不变，称为饱和温度。这时容器内存在饱和液体与饱和蒸汽的混合物，称为湿饱和蒸汽状态。再继续加热，液体全部变成为饱和蒸汽，此时称为干饱和蒸汽状态。如进一步加热，则蒸汽的温度升高而超过该饱和压力下对应的饱和温度，比容也将增加，这种状态称为过热蒸汽。过热蒸汽温度与饱和温度之差称为过热度。

水蒸气是由液态水汽化而来的一种汽体，它离液态较近，不能将其作为理想气体。对水蒸气热力性质的研究，通常按各区分别通过实验测定并结合热力学微分方程，推算出水蒸气不可测的参数值，将数据列表或绘图供工程计算用。

二、湿空气的物理性质

湿空气既是空气环境的主体又是空调工程的处理对象。因此，首先要熟悉湿空气的物理性质。

（一）湿空气的组成

大气由干空气和一定量的水蒸气混合而成的，称为湿空气。干空气的成分主要是氮、氧、氩及其他微量气体，其中，多数成分比较稳定，少数随季节和气候条件的变化有所波动，但从总体上仍可将干空气作为一种稳定的混合物来看待。

空气环境内的空气成分和人们平时所说的"空气"实际上是干空气和水蒸气的混合物，即湿空气。湿空气中水蒸气的含量虽少，质量比通常为千分之几至千分之二十几。此外，水蒸气含量常随季节、气候、地理环境等条件的变化而变化。因此，湿空气中水蒸气含量的变化对空气环境的干湿程度产生重要影响，并使湿空气的物理性质随之改变。

（二）湿空气的状态参数

1. 压力

地球表面的空气层在单位面积上所形成的压力称为大气压力。大气压力随各个地区的海拔高度不同而存在差异，海平面的标准大气压力为 101.325 kPa。

湿空气中水蒸气单独占有湿空气容积，并具有与湿空气相同的温度时所产生的压力称为水蒸气分压力。根据道尔顿定律，湿空气的压力应等于干空气的分压力与水蒸气的分压力之和：

$$B = P_g + P_q \qquad (1-3)$$

式中，B——湿空气压力，即大气压力，Pa；

P_g、P_q——干空气及水蒸气分压力，Pa。

在常温常压下干空气可视为理想气体，而湿空气中的水蒸气一般处于过热状态且含量很少，可近似地视作理想气体。所以，湿空气也应遵循理想气体的状态方程。

2. 含湿量

在空调工程中经常涉及湿空气的温度变化，湿空气的体积也会随之而变。用水蒸气密度作为衡量湿空气含有水蒸气量多少的参数会给实际计算带来诸多不便。为此，定义含湿量为相应于 1 kg 干空气的湿空气中所含有的水蒸气量，即：

$$d = \frac{m_q}{m_g}, \text{kg} / \text{kg}_{\mp} \qquad (1-4a)$$

因为 $m_g = V\rho_g, m_q = V\rho_q$，所以，式（1-4a）还可写为：

$$d = \frac{V\rho_q}{V\rho_g}, \text{kg} / \text{kg}_{\mp} \qquad (1-4b)$$

3. 相对湿度

在一定温度下，湿空气所含的水蒸气量有一个最大限度，超过这一限度多余的水蒸气会从湿空气中凝结出来。这种含有最大限度水蒸气量的湿空气称为饱和空气。饱和空气所具有的水蒸气分压力和含湿量称为该温度下湿空气的饱和水蒸气分压力和饱和含湿量。若温度发生变化，它们也将相应地变化，见表1-1。

表 1-1 空气温度与饱和水蒸气压力及饱和含湿量的关系

空气温度 t/℃	饱和水蒸气压力 $P_{q\cdot b}$/Pa	饱和含湿量 d_b / g·kg$_{\mp}^{-1}$（B=101325Pa）
10	1 225	7.63
20	2 331	14.70
30	4 232	27.20

湿空气中水蒸气分压力与同温度下饱和水蒸气分压力之比称为相对湿度。它是另一种度量水蒸气含量的间接指标，可表示为：

$$\varphi = \frac{P_q}{P_{q \cdot b}} \times 100\%$$

（1-5）

式中，$P_{q \cdot b}$——饱和水蒸气分压力，Pa。

4. 湿空气的焓

在暖通工程中，空气的压力变化一般很小，可近似于定压加热或冷却过程。因此，可直接用空气焓的变化来度量空气的热量变化。湿空气的焓（焓用符号 i 表示）应等于 1 kg 干空气的焓加上与其同时存在的 d kg（或 g）水蒸气的焓。已知干空气的质量定压热容 $C_{p \cdot g} = 1.01 \, kJ / (kg \cdot ℃)$，水蒸气的质量定压热容 $C_{p \cdot q} = 1.84 \, kJ / (kg \cdot ℃)$，则湿空气的焓为：

$$i = 1.01 \, t + (2 \, 500 + 1.84t) \, d, kJ / (kg \cdot ℃)$$

（1-6a）

或

$$i = 2 \, 500 \, d + (1.01 + 1.84 \, d)t, kJ / (kg \cdot ℃)$$

（1-6b）

式中，t——空气温度，℃。

由式（1-6b）可看出，$[(1.01 + 1.84 \, d)t]$ 是随温度而变化的热量，称为显热；而（2 500d）仅随含湿量变化而与温度无关，称为潜热。由此可见，湿空气的焓将随温度和含湿量的升高而增大，随其降低而减少。式（1-6）中的常数 2 500 是水在 0℃时的汽化潜热。

第二节 传热基本原理

一、传热基本方式

凡是存在温度差的地方，就有热量由高温物体传到低温物体。因此，传热是自然界和人类活动中非常普遍的现象。以房屋墙壁在冬季的散热为例，整个过程分为三段。首先，室内空气以对流换热的形式、墙与物体间的以辐射方式把热量传给墙内表面；其次，由墙内表面以固体导热方式传递到墙外表面；最后，由墙外表面以空气对流换热、墙与物体间以辐射方式把热量传给室外环境。从这一过程可以了解到：传热过程是由导热、热对流、热辐射三种基本传热方式组合形成的。不同的传热方式具有不同的传热机理，要了解传热过程的规律，首先要分析三种基本传热方式。

（一）导热

导热又称热传导，是指物体各部分无相对位移或不同物体直接接触时依靠分子、原子及自由电子等微观粒子的热运动而进行的热量传递现象。导热过程可以在固体、液体及气体中发生。但在引力场下，液体和气体会出现热对流，因此，单纯的导热一般只发生在密实的固体中。

大平壁导热是导热的典型问题。平壁导热量与平壁两侧表面的温度差成正比，与壁厚成反比，并与材料的导热性能有关。因此，通过平壁的导热量的计算式可表示为：

$$Q = \frac{\lambda}{\delta} \Delta t F \qquad (1-7a)$$

或热流通量：

$$q = \frac{\lambda}{\delta} \Delta t \qquad (1-7b)$$

式中，Q——导热量，W；

q——热流通量，W/m^2；

F——壁面积，m^2；

δ——壁厚，m；

Δt——壁两侧表面的温差，℃，$\Delta t = (t_{w2} - t_{w1})$；

λ——导热系数，指具有单位温度差的单位厚度物体，在它的单位面积上每单位时间的导热量，单位是 $W/(m^2 \cdot ℃)$。它表示材料导热能力的大小。导热系数一般由实验测定。改写式（1-7b），得：

$$q = \frac{\Delta t}{\delta / \lambda} = \frac{\Delta t}{R_\lambda} \qquad (1-8)$$

用 R_λ 表示导热热阻，则平壁导热热阻为 $R_\lambda = \delta / \lambda (m^2 \cdot ℃ / W)$。可见，平壁导热热阻与壁厚成正比，而与导热系数成反比。不同情况下的导热过程，导热热阻的表达式各异。

（二）热对流

依靠流体的运动，把热量由一处传递到另一处的现象，称为热对流，它是传热的另一种基本方式。若热对流过程中，单位时间通过单位面积、质量为 m（kg/m^2·s）的流体由温度 t_1 的地方流到 t_2 处，则此热对流传递的热量为：

$$q = mc_p\left(t_2 - t_1\right) \tag{1-9}$$

因为有温度差，热对流又必然同时伴随热传导。而且工程上遇到的实际传热问题，都是流体与固体壁面直接接触时的换热，故传热学把流体与固体壁间的换热称为对流换热（也称放热）。与热对流不同的是，对流换热过程既有热对流作用，也有导热作用，故已不再是基本传热方式。对流换热的基本计算式是牛顿提出的，即：

$$q = \alpha\left(t_w - t_f\right) = \alpha\Delta t \tag{1-10a}$$

式中，t_w——固体壁表面温度，℃；

t_f——流体温度，℃；

α——换热系数，其意义指单位面积上，当流体与壁面之间为单位温差，在单位时间内传递的热量。换热系数单位是 W/(m^2·℃)。

α 的大小表达了该对流换热过程的强弱。式（1-10a）称为牛顿冷却公式。利用热阻概念，改写（1-10a）可得：

$$q = \frac{\Delta t}{1/\alpha} = \frac{\Delta t}{R_\alpha} \tag{1-10b}$$

式中，R_α 为单位壁表面积上的对流换热热阻，$R_\alpha = 1/\alpha, \text{m}^2 \cdot ℃/\text{W}$。

（三）热辐射

导热或对流都是以冷、热物体的直接接触来传递热量，热辐射则不同，它依靠物体表面对外发射可见和不可见的射线（电磁波或者称光子）传递热量。物体表面每单位时间、单位面积对外辐射的热量称为辐射力，用 E 表示，单位是 W/m^2，其大小与物体表面性质及温度有关。对于绝对黑体（一种理想的热辐射表面），理论和实验证实，它的辐射力 E_b，与表面热力学温度的 4 次方成比例，即斯蒂芬—玻尔兹曼定律：

$$E_b = C_b(T/1\,000)^4 \qquad (1\text{-}11a)$$

式中，E_b——绝对黑体辐射力，W/m²；

C_b——绝对黑体辐射系数，$C_b = 5.67\mathrm{W}/(\mathrm{m}^2 \cdot \mathrm{K})$；

T——热力学温度，K。

一切实际物体的辐射力 E 都低于同温度下绝对黑体的辐射力，有：

$$E_b = \varepsilon_b C_b(T/1\,000)^4, \mathrm{W}/\mathrm{m}^2 \qquad (1\text{-}11b)$$

式中，ε 为实际物体表面的发射率，也称黑度，其值处于 0 ~ 1 之间。

物体间依靠热辐射进行的热量传递称为辐射换热，它的特点是：在热辐射过程中伴随着能量形式的转换（物体内能—电磁波能—物体内能）；不需要冷热物体直接接触；不论温度高低，物体都在不停地相互发射电磁波能，相互辐射能量，高温物体辐射给低温物体的能量大于低温物体向高温物体辐射的能量，总的结果是热量由高温物体传到低温物体。

两个无限大的平行平面间的热辐射是最简单的辐射换热问题，设两表面的热力学温度分别为T_1和T_2，且$T_1 > T_2$，则两表面间单位面积、单位时间辐射换热量的计算式是：

$$q = C_{12}\left[(T_1/100)^4 - (T_2/100)^4\right] \qquad (1\text{-}11c)$$

式中，C_{12} 称为 1、2 两表面间的相当辐射系数，它取决于辐射表面的材料性质及状态，其值在 0 ~ 5.67 之间。

二、传热过程

在工程中经常遇到两流体间的换热。热量从壁面一侧的流体通过平壁传递给另一侧的流体，称为传热过程。实际平壁的传热过程非常复杂，为研究方便，将这一过程理想化，看作是一维、稳定的传热过程。设有一无限大平壁，面积为 Fm²，两侧分别为温度 t_{f1} 的热流体和 t_{f2} 的冷流体，两侧换热系数分别为 α_1 及 α_2，两侧壁面温度分别为 t_{w1} 和 t_{w2}，壁材料的导热系数为 λ，厚度为 δ。

整个传热过程分三段，分别用下列三表达：

（1）热量由热流体以对流换热传给壁左侧，单位时间和单位面积传热量为：

$$q = \alpha_1\left(t_{f1} - t_{w1}\right)$$

（2）热量以导热方式通过壁：

$$q = \frac{\lambda}{\delta}\left(t_{w1} - t_{w2}\right)$$

（3）热量由壁右侧以对流换热传给冷流体，即：

$$q = \alpha_2\left(t_{w2} - t_{f2}\right)$$

在稳态情况下，以上三式的热流通量 q 相等，把它们改写为：

$$t_{f1} - t_{w1} = \frac{q}{\alpha_1}, t_{w1} - t_{w2} = \frac{q}{\lambda / \delta}, t_{w2} - t_{f2} = \frac{q}{\alpha_2}$$

三式相加，消去未知的 t_{w1} 和 t_{w2}，整理后得：

$$q = \frac{1}{\dfrac{1}{\alpha_1} + \dfrac{\delta}{\lambda} + \dfrac{1}{\alpha_2}}\left(t_{f1} - t_{f2}\right) = K\left(t_{f1} - t_{f2}\right) \tag{1-12a}$$

对 Fm^2 的平壁传热量为：

$$Q = KF\left(t_{f1} - t_{f2}\right) \tag{1-12b}$$

其中，

$$K = \frac{1}{\dfrac{1}{\alpha_1} + \dfrac{\delta}{\lambda} + \dfrac{1}{\alpha_2}} = \frac{1}{R_K} \tag{1-13}$$

K 称为传热系数。它表明在单位时间、单位壁面积上，冷热流体间每单位温度差可传递的热量，K 的单位是 W/（m²·℃），可反映传热过程的强弱。R_K 表示平壁单位面积的传热热阻。R_K 可表示为：

$$R_K = \frac{1}{K} = \frac{1}{\alpha_1} + \frac{\delta}{\lambda} + \frac{1}{\alpha_2} \tag{1-14}$$

　　由式（1-14）可见，传热过程的热阻等于热流体、冷流体的换热热阻及壁的导热热阻之和，类似于电阻的计算方法，掌握这一点对于分析和计算传热过程十分方便。由传热热阻的组成不难看出，传热阻力的大小与流体的性质、流动情况、壁的材料以及厚度等因素有关，所以数值变化范围很大。

第二章 供暖系统与通风系统设计

供暖就是用人工方法向室内供给热量，使室内保持一定的温度，以创造适宜的生活条件或工作条件的技术。供暖系统有热水供暖系统、蒸汽供暖系统及电热供暖系统。其中，热水及蒸汽供暖系统由热源、热循环系统及散热设备三个主要部分及附件组成；电热供暖系统由电源 (380V 和 220V)、电热设备（发热电缆、电热膜等）及附件组成。通风系统的设计看上去简单，实际上是非常复杂的一个设计工作。近年来，市场对通风系统的要求越来越高，人们开始注重提高室内的空气质量，在这一情况下很多人开始安装新风系统，但是真正了解通风系统设计的人却很少，真正好的通风系统，要因势利导，根据气候、建筑等实际情况来进行设计。

第一节 供暖系统设计

一、热水供暖系统设计

（一）热水供暖系统的分类

①按照热媒温度的不同，其可分为低温水供暖系统和高温水供暖系统。对于高温水和低温水的界限，各个国家都有自己的规定。在我国，人们习惯认为水温低于或等于 100 ℃的热水作称为低温水，水温超过 100 ℃的热水作称为高温水。

②室内热水供暖系统，大多采用低温水作热媒。按照系统循环动力的不同，其可分为重力（自然）循环系统和机械循环系统。

③按照系统管道敷设方式的不同，其可分为垂直式和水平式。

④按照散热器供、回水方式的不同，其可分为单管系统和双管系统。

（二）热水供暖系统的主要组成

1. 热水供暖系统的循环动力

热水供暖系统的循环动力叫作作用压头。按照循环动力的不同，热水供暖系统可分为重力（自然）循环系统和机械循环系统。重力循环系统中水靠其密度差循环，水在锅炉中受热，温度升高，体积膨胀，密度减小，加上来自回水管冷水的驱动，使水沿供水管上升流到散热器中。在散热器中热水将热量散发给房间，水温降低，密度增大，然后沿回水管回到锅炉内重新加热，这样周而复始循环，不断把热量从热源送到房间。

为了顺利排除空气，水平供水，干管标高应沿水流方向下降，因为重力循环系统中水流速度较小，可以采用气水逆向流动，使空气在管道高点所连的膨胀水箱排除。重力循环系统不需要外来动力，运行时无噪声、调节方便、管理简单。机械循环系统中膨胀水箱不能排气，因此在系统供水干管末端往往设有集气罐，进行集中排气。集气罐连接处为供水干管最高点。

在热水供暖系统中由于机械循环系统作用半径大，所以是集中供暖系统的主要形式。

2. 热水供暖管道系统

根据各楼层散热器的连接方式，热水供暖系统可采用垂直式与水平式系统。垂直式供暖系统是将不同楼层的各散热器用垂直立管连接的系统；水平式供暖系统是将同一楼层的散热器用水平管线连接的系统。

按照连接相关散热器的管道数量，热水供暖系统有单管系统与双管系统之分。单管系统是用一根管道将多组散热器依次串联起来的系统；双管系统是用两根管道（一根供水管、一根回水管）将多组散热器相互并联起来的系统。

跨越管式单管系统，如在散热器支管上设置普通的闸阀或截止阀，则以多耗管材（跨越管）和增加散热器片面积为代价换取散热量在一定程度上的可调性。目前，广泛使用的在各组散热器上安装温度调节阀的措施，可设定室温并自动调节流量，使室内温度控制在一定水平上，是供暖系统节能和实行热计量的措施之一。

水力计算时同程式系统底层干管明设有困难时要置于管沟内。同程式系统中最不利环路往往不明确，通过水力阻力最大的立管的环路是最不利环路，该立管可能是中间某立管，而且实际运行时同程式系统水力不平衡不像异程式系统那样易于调整，因此，同程式系统水力计算时要绘制压力平衡图，防止系统运行时水力失调。

异程式系统可节省管材，降低投资。但由于各环路的流动阻力不易平衡，常导致离热力入口（热力入口是室外供热系统与建筑物的供暖系统相连接处的管道和设施的总称）近处立管（或基本组合体）的流量大于设计值、远处立管的流量小于设计值的现象。因此，人们要力求从设计上采取措施解决远近环路的不平衡问题，如减小干管阻力、增大立支管路阻力、在立支管路上采用性能好的调节阀等。

（三）系统的主要设备附件及安装

为保证供暖系统安全、可靠、正常地运行，必须设置相应的设备附件，它们分别如下：

①系统的补水、定压装置：膨胀水箱、定压罐、补水泵定压。

②系统的排气、排水装置：集气罐、排气阀、疏水阀。

③系统的安全、过滤装置：安全阀、过滤器。

④系统管道的补偿装置：补偿器、伸缩器。

⑤系统的调节控制、监测装置：温度计、压力表及各种控制调节阀门。

⑥系统的水处理装置：水处理设备。

系统中补水定压的目的是维持系统正常的工作压力，以及在系统泄漏时为系统补充相应的水量，以保证系统能够正常运行。其主要有定压罐定压和补水泵定压等几种形式。

1. 定压罐定压

定压罐定压的工作原理：系统内的压力由定压罐内的压力来控制，当系统内的水受热膨胀时，罐内水位升高，气体空间减小，压力增高，当水位升高到正常的最高水位、罐内压力达到上限压力时，由自控装置使补给水泵停止运转，如果压力进一步升高，罐顶安全阀启动，排气使罐内压力下降；当系统水温下降或漏水时，罐内水位下降，若水位下降到规定的最低水位时，罐内压力达到一定压力时，上部补气，同时控制补给水泵自动启动补水，使罐内水位恢复。

2. 补水泵定压

补水泵定压的工作原理：系统压力通过压力传感器将信号传输给变频控制器，变频控制器可以根据不同的系统形式设定其工作压力，当系统压力低于变频控制器设定值时，变频控制器将接收到的信号和设定值比较，根据信号差值的大小，由变频控制器通过改变电源频率控制补水泵由低速到高速运转，向系统补水；当压力升高时，信号差值减小，变频控制器通过改变电源频率控制补水泵由高速到低速运转，当压力达到设定值时，补水泵停止；当系统压力高于系统规定值一定范围时，系统中的安全阀自动开启排水，在压力降低到压力设定值后，安全阀自动关闭，这样系统就可以稳定在系统工作压力范围之内。

补水泵定压的另外一种形式是将压力传感器换为电接点压力表，不用变频控制器，利用电接点压力表设定系统的工作压力范围。当系统压力降到设定的系统最低压力时，电接点压力表的指针和设定的压力下限电极接通，此时水泵开启，向系统补水，当系统压力达到设定的最高压力值时，电接点压力表的指针和设定的上限电极接通，补水泵停止补水。这种系统在使用时需要特别注意的是压力范围的设定，如果压力范围设定过小，当系统压力达到设定的下限时，补水泵开启，由于水泵开启时的压力冲击会使电接点压力表的指针很快达到设定的上限，补水泵还未向系统补够水即停止补水，而补水泵停止时，由于冲击压力的消失，电接点压力表的指针又很快回到设定的下限，补水泵随即开启，这样会造成补水泵不断启停，而系统内只能补充少量的水甚至不能补水。因此采用这种定压形式时，人们需要根据不同的系统设定足够大的压力范围，其范围的设定与系统的工作压力值和所选择的补水泵扬程、流量等因素有关。

3. 注意事项

以上两种形式的定压方式，在设计中需要注意如下事项：

①循环水系统的补水点，宜设在循环水泵的吸入侧母管上。

②当使用低温热水时，不设置软化系统，如市政自来水压力大于系统的静水压力时，可用自来水直接补水，不设补水泵。

③各循环系统应分别设置补水泵。

④补水泵最小设计流量宜按系统水容量的 5% 确定，不得超过 10%。

（四）分户供暖系统

分户供暖是相对于集体供暖来说的，是一种对每一户都能进行供暖控制的系统。分户供暖的产生过程与我国社会经济发展紧密相连。20 世纪 90 年代以前，我国处于计划经济时期，供热一直作为职工的福利，采取"包烧制"，即冬季供暖费用由政府或职工所在单位承担。之后，我国从计划经济向市场经济转变，相应地，住房分配制度也进行了改革。职工购买了本属单位的公有住房或住房分配实现了商品化，原有经济结构下的福利用热制度已不能满足市场经济的要求，严重困扰着城镇供热的正常运行与发展。因为在旧供热体制下，供暖能耗多少与热用户经济利益无关，用户一般不考虑供热节能，使能源浪费严重，供暖能耗居高不下。因此，节能增效刻不容缓，分户供暖被广泛应用。

实现分户热计量及用热的商品化的一个必要条件就是分户供暖，不管形式上如何变化，它的首要目的仍是满足热用户的用热需求，人们须在供暖形式上做分户处理。

二、蒸汽供暖系统设计

（一）蒸汽供暖的特点

蒸汽供暖系统是以蒸汽作为热媒直接供暖的一种供暖方式，它有以下特点：

①蒸汽供暖系统的散热器表面温度高。在蒸汽供暖系统中，散热器内热媒的温度一般均在 100 ℃以上。若相应的表面温度较高，系统所需的散热器面积就小得多。但蒸汽供暖系统由于散热器表面温度过高，易发生烫伤事故，且坠落在散热器表面上的灰尘等物质会分解出带有异味的气体，卫生效果较差。

②蒸汽供暖系统的热惰性很小，系统的加热和冷却速度都很快。当系统间歇运行时，蒸汽和空气交替地充满系统中，这时房间温度变化幅度较大。

③蒸汽供暖系统的使用年限较短。由于蒸汽供暖系统多采用间歇运行，因此管道易被空气氧化腐蚀，尤其是凝水管中经常存在大量的空气，严重影响了系统的使用寿命。

④蒸汽供暖系统可用于高层建筑中。蒸汽供暖系统中热媒（蒸汽）的单位体积质量很小，因此本身所产生的静压力也较小。蒸汽供暖用于高层建筑中时不会因底层散热器承受过高的静压而破裂，也不必进行竖向分区。

由以上特点可知，蒸汽供暖系统一般比较适合于要求加热迅速、供暖时间集中而短暂的影剧院、礼堂、体育馆类的间歇供暖的建筑物中，而在民用建筑，尤其是居住建筑，甚至可能产生易燃、易爆、易挥发性粉尘的工业厂房内均不适宜采用。

（二）蒸汽供暖系统的分类

1. 低压蒸汽供暖系统

低压蒸汽供暖系统是指系统起始压力等于或小于 $0.7 \times 10^5 Pa$ 的系统。其中的典型系统为重力回水低压蒸汽供暖系统，该系统在运行前锅炉充水，锅炉加热后产生的蒸汽，在其自身压力作用下，克服流动阻力经供汽管道输入散热器内，并将供汽管道和散热器内的空气驱入凝水管，最后从排气管排入大气中，蒸汽在散热器内放热后冷凝成水，靠重力沿凝水管道返回锅炉。

2. 高压蒸汽供暖系统

高压蒸汽供暖系统是指系统起始压力大于 $0.7 \times 10^5 Pa$ 的系统。

高压蒸汽供暖，一般多为工厂中蒸汽供暖的一部分。在工厂中有多种形式的热负荷，如生产工艺、热水供应、通风与空调、供暖等。其中，生产工艺用热往往需要使用较高压力的蒸汽，其他负荷的用汽参数可经技术处理来满足。

高压蒸汽自室外管道进入用户入口的高压分汽缸，由分汽缸分别引至不同用户，当蒸汽入口压力或生产工艺用热的使用压力高于供暖系统的工作压力时，应设减压装置，蒸汽减压后进入低压分汽缸，由低压分汽缸分出不同支路的供暖系统。由于车间及辅助建筑卫生条件的要求没有民用与公共建筑那样严格，故不必将压力降低到低压蒸汽的标准，以发挥高压蒸汽供暖的优势，加大系统作用半径、缩小管径及减少散热器面积。尤其当利用暖风机与辐射板供暖时，更适用高压蒸汽。

三、热风供暖设计

（一）热风供暖的适用场合

①需要机械补风的场合，进风要求升温时。
②循环空气供暖或与供冷兼用的空调系统。
③空间高，由散热器或地板辐射供暖效果不能达到要求。
④需要维持局部区域一定环境温度的场合。

（二）空气幕

为防止内外温差引起气流交换，可以设置门斗（或转门）或空气幕。四星级以上旅馆和顶级办公类场所，不宜设空气幕，而人们出入频繁（人流量大）和湿度差大的场合（如泳池门）适合设置空气幕。公共建筑热风幕出口风速不宜大于 6m/s，送风温度不宜大于 50℃。

（三）集中送风供暖

《全国民用建筑工程设计技术措施：暖通空调·动力》中规定符合下列条件之一的场合，宜采用集中送风的供暖方式：
①室内允许利用循环空气进行供暖。
②热风供暖系统能与机械送（补）风系统合并设置。
③供暖负荷特别大、无法布置大量散热器的高大空间。
④设有散热器防冻值班供暖系统，又需要间歇正常供暖的房间，如学生食堂等。
⑤利用热风供暖经济合理的其他场合。
集中送风方式和暖风机供暖系统的热媒，宜采用 0.1 ~ 0.4 MPa 的高压蒸汽或不低于 90 ℃的热水。

（四）分散式暖风机供暖

暖风机供暖（分散式）的最大优点是升温快、设备简单、初期投资低，它主要适用于空间较大及单纯要求冬季供暖的餐厅、体育馆、商场、戏院、车站等场所。但由于暖风机运行噪声较大，因此对噪声要求严格的地方不适宜用暖风机供暖。暖风机的名义供热量，通常是指进风温度为 15 ℃时的供热量。

热风供暖系统以空气作为热媒，其主要设备是暖风机，它由通风机、电动机、空气加热器组成。在风机的作用下，空气由吸入口进入机组，经空气加热器后，从送风口送到室内，以满足维持室内温度的需要。

空气可以用蒸汽、热水或烟气来加热。热风供暖系统主要应用于工业厂房和有高大空间的建筑物。它具有布置灵活、方便的特点。严寒地区宜采用热风供暖系统结合散热器值班供暖系统的方式。

四、辐射供暖设计

（一）辐射供暖

热媒通过散热设备的壁面，主要以辐射方式向房间传热，此时，散热设备可采用悬挂金属辐射板的方式，也常常采用与建筑结构合为一体的方式，这种供暖系统称为辐射供暖系统。将加热管埋设于地下的供暖系统称为地板辐射供暖系统。

（二）地板辐射供暖系统

1. 辐射供暖系统的热媒

辐射供暖系统的热媒有热水、蒸汽、空气和电，热水为首选热媒。与建筑结构结合的辐射板用热水加热时温升慢，混凝土板不易出现裂缝，可以采用集中质调节；用蒸汽作热媒时，温升快，混凝土板易出现裂缝，不能采用集中质调节。

混凝土板热惰性大，与蒸汽迅速加热房间的特点不相适应；用热空气作热媒时，可将墙板或楼板内的空腔作为风道，但建筑结构厚度要增加；用电加热的辐射板具有许多优越性，板面温度容易控制，调节方便，但要消耗高品位电能，用电作为能源供暖时人们应进行技术经济论证；采用热水为热媒时，其温度往往根据所用的热源和供暖辐射板的类型来决定，可分为较高温度和较低温度两类。

辐射供暖也应尽量利用地热、太阳能等低温热源。

2. 低温辐射地板供暖系统的选用及布置

低温辐射地板供暖的加热管管材的选择原则是承压与耐温适中、便于安装、能热熔连接、环保性好（废料能回收利用），优先选择耐热聚乙烯（PE-RT）管和聚丁烯（PB）管。

U 形排管式、S 形排管式、L 形排管式、回字形排管式是地面供暖辐射的加热管的几种常用布置方式。U 形排管易于布置，板面温度变化大，适用于各种结构的地面；S 形排管平均温度较均匀；回字形排管施工方便，大部分曲率半径较大，但温度不均匀。

3. 热面温度和供热量

地板辐射供暖是基于热面与其对应的冷面（包括人和家具）存在温差而产生的，辐射热占总供热量的 50% 以上，加热空气产生的对流热约占 35%，其他热约有 10%，其余的热则向下和周边损失。

居住建筑因固定家具下部不散热，不宜设置；公共建筑因空间高，要求供热量大，所以地板供暖往往不能满足所需的供热量，要采取其他供热方式来补充。

4. 加热理管及分集水器

近年来，因热塑管的耐腐性好和流动水阻小而逐渐代替了金属盘管，这其中以 PE-X 和 PE-RT 最为合适。PE-RT 可以热熔连接，废料可回收，为首选管材。

加热理管及分集水器的控制值如下：

①每对分集水器所带支路不应超过 8 个，同一分集水器所带散热管支路长（准确说阻力值）应接近，并不宜超过 120 m。

②散热管中水的流速应不小于 0.25 m/s，供回水阀后的系统阻力不宜大于 30 Pa。

③由于塑料管的线膨胀系数比金属管大 10 倍，而混凝土的线膨胀系数接近钢，在盘管布置和输送配管中要考虑线膨胀，直管长不超过 8 m。

5. 地板辐射的热负荷计算

低温热水地板辐射由于主要依靠辐射方式，在相同的舒适条件下，室内计算温度一般可比对流供暖方式低 2 ~ 3 ℃，总耗热量可减少 5% ~ 10%。同时，由于它要求的供水温度较低（一般为 35 ~ 50 ℃），可以利用热网回水、余热水或地热水等。地板供暖热负荷要按以下情况分别计算：

①房间全面供暖的地板辐射供暖设计热负荷可按常规散热器系统房间计算供暖负荷的 90% ~ 95% 选取。

②房间局部设地板辐射供暖时，所需热负荷按房间全面地板辐射供暖负荷乘以该区域面积与所在房间面积的比值和附加系数确定。

③不计算敷设加热管地面的热损失。

④应考虑间歇供暖及户间传热等因素。

6. 地板辐射的散热量计算

辐射供暖地板的散热量的设计和计算应考虑下列因素：

第一，垂直相邻各层房间均采用地板辐射供暖时，除顶层以外的各层，均应按房间供暖热负荷扣除来自上层的热量。

第二，敷设加热管道地板的表面平均温度，不应高于表 2-1 的规定值。

表 2-1 不同房间的计算遮挡率与单位面积应增加散热量的修正系数

房间名称	主卧	次卧	客厅	书房
房间面积 /m²	10 ~ 18	6 ~ 16	9 ~ 26	6 ~ 12
家具遮挡率 /%	21 ~ 12	33 ~ 14	22 ~ 6.4	34 ~ 20
修正系数	1.27 ~ 1.14	1.47 ~ 1.16	1.2« ~ 1.07	1.52 ~ 1.25

单位地板面积有效散热量和向下传热的热损失量，均应通过计算确定。当地面构造符合时，可按《辐射供暖供冷技术规程》（JGJ142-2012）直接查出。

7. 相关提示

常温地板辐射供暖是一项成熟的技术，能达到很好的效果，但如果设计、施工、管理不好，它的损失往往是不可挽救的，因此设计人员设计时要谨慎，并要熟悉和掌握如下要点：①热塑管因强度和硬度较低，应采用豆石混凝土，浇捣时应注水承压，以便及时发现破损及时抢救。

②当用金属管作埋地管时，盘管应钎焊，不能电焊（防焊渣堵）；用硅酸盐水泥，不能用矿渣水泥，并且也要在注水承压下浇捣。

③地板供暖向上传热 70% ~ 80%，向下传热 15% ~ 20%，而作为供冷时向下会比向上大，因此保温层设置要求也不同。除此之外，供冷时还存在结露问题，所以不能简单地将埋管供热用作辐射供冷。

第二节 通风系统设计

通风系统的设计看上去简单，实际上是非常复杂的一个设计工作。近年来，市场对通风系统的要求越来越高，人们开始注重提高室内的空气质量，在这种情况下很多人开始安装新风系统，但是真正了解通风系统设计的人却很少，真正好的通风系统，要因势利导，根据气候、建筑等实际情况来进行设计。

一、通风系统的分类

（一）送风系统

送风系统的主要功能是将室外的新鲜空气或者经过处理的新鲜空气输送到室内。

送风系统的工作流程：首先室外空气通过百叶窗，去掉杂物之后进入气室，然后经过保温阀到达过滤器，过滤掉空气中的灰尘，然后送到空气加热器，加热到指定温度之后送至通风机，再经过调节阀、风管送至送风口，最终进入室内。

（二）排风系统

排风系统的主要功能是将室内被污染的、高温干燥的空气排放到室外。

排风系统的主要工作流程：首先利用排气罩将室内的污浊空气吸到风管，由通风机将其排到室外风帽，最终排入室外大气中。

需要注意的是，如果排放的污浊空气存在有害物质，那么就必须先经过中和处理，达到排放标准之后，再进行排放。

（三）除尘系统

除尘系统主要是在生产车间使用，主要功能是收集生产车间内含有大量工业粉尘的空气，并进行集中处理，降低空气中工业粉尘的含量，使其达到排放标准。

除尘系统的工作流程：首先利用吸尘罩吸入车间内的含粉尘空气，然后经过风管进入除尘器，对空气进行除尘，达标之后由通风机送至室外风帽，最终排放到室外大气。

二、全面通风与局部通风

（一）全面通风

全面通风也被称作稀释通风，主要是利用新鲜空气将室内的有害物浓度稀释到最高容许浓度之下，使室内空气中有害物浓度不超过卫生标准规定的最高容许浓度。全面通风的作用主要分为两个方面：一方面是将室内的有害空气排放到室外，另一方面是将室外的新鲜空气送入室内。

1. 消除室内有害物的全面通风量

有一稀释通风车间模型，房间内体积为 v，有害物源散发量为 x，通风前室内空气中有害物浓度为 y_0（假设送排风气流温度是等温），如果采用全面通风稀释室内空气中的有害物，在任何一个微小的时间间隔 dr 内，根据室内得到的有害物量与从室内排出的有害物量之差应等于整个房间内增加（或减少）的有害物量的关系，可得出室内污染物浓度随时间变化的全面通风微分方程。

$$ly_0\mathrm{d}r + x\mathrm{d}y - ly\mathrm{d}r = v\mathrm{d}y \qquad (2-1)$$

式中，l ——全面通风量，$\mathrm{m^3/s}$；

y_0 ——送风空气中有害物浓度，$\mathrm{g/m^3}$；

x ——有害物散发量，$\mathrm{g/s}$；

y ——在某一时刻室内空气中有害物浓度，$\mathrm{g/m^3}$；

v ——房间体积，$\mathrm{m^3}$；

$\mathrm{d}r$ ——某一段无限小的时间间隔，s；

$\mathrm{d}y$ ——在 $\mathrm{d}r$ 时间内房间内浓度的增量，$\mathrm{g/m^3}$。

解此微分方程，得到如下的全面通风稀释方程：

$$y_1 = y_2\exp\left(-\frac{rl}{v}\right) + \left(\frac{x}{l} + y_0\right)\left[l - \exp\left(-\frac{rl}{v}\right)\right] \qquad (2-1)$$

式中，当时间 $r \to \infty$ 时，$\exp\left(-\frac{rl}{v}\right) \to 0$；若室内空气中初始的有害物浓度 $y_1 = 0$，同时为了提高通风的安全性，将通风量适当放大，引入一个安全系数 K，则上式可写成：

$$l = \frac{Kx}{y_2 - y_0} \tag{2-3}$$

式中，K——安全系数，一般通风房间，可根据经验在 3 ~ 10 范围内选用；

y_2——工作场所空气中有毒物质容许浓度，g/m^3。

通常当 $\frac{rl}{v} \geq -4$ 时，$\exp(-4) = 0.018\,3$，此时可以认为室内污染物浓度为已趋于稳定。上式被称为稳定状态的稀释方程。

2. 消除室内余热和余湿的全面通风量

一些工业厂房的热车间会产生大量的余热，一般采用通风的办法来降温。室内游泳池、产生水蒸气的工业厂房等场所有大量的余湿，可利用通风来除余湿。以上均是利用全面通风稀释的办法来消除余热和余湿，这时的全面通风量的计算公式分别如下：

$$G = \frac{Q}{c_p - (t_p - t_0)} \tag{2-4}$$

$$G = \frac{D}{d_p - d_0} \tag{2-5}$$

式中，Q——室内余热量，W 或 kW；

G——全面通风量，kg/s；

c_p——空气定压比热，J 或 kJ：

D——室内的余湿量（湿负荷），kg/s；

t_p——排除空气的温度，℃；

t_0——进入空气的温度，℃；

d_p——排除空气的含湿量，g/kg 干空气；

d_0——进入空气的含湿量，g/kg 干空气。

3. 房间内有多种有害物的通风量

房间中通常会有多种污染物，尤其在工业厂房中（如电镀车间、油漆车间等）。在这种情况下要确定通风量则首先应判别各种有害物对人体危害的相关性。如果有两种污染物都对人体某器官有危害作用，则我们认为这两种有害物的毒性有叠加作用，否则它们是单独作用而无叠加作用。

根据相关规定，当室内有多种溶剂或刺激性气体同时散发时，那么它们对人体的危害也是叠加的，因此需要按照各种气体的容许浓度的空气总量来计算全面通风量。当室内同时散发数种其他有害物质时，按规定分别计算所需风量，取最大值。如果室内同时散发余热、余湿和有害物质，则取其中的最大值。

当室内散发的有害物质的量无法计算时，全面通风量的计算可以采用"换气次数"确定，即每小时房间的通风量 L 与房间体积 V 的比值为换气次数 N，$N = \dfrac{V}{L}$（次/h），N 的值可从有关文献中查得。

（二）局部通风

1. 局部通风系统

（1）局部送风系统

对于大型车间，尤其是个别工艺会产生大量余热的高温车间，采用全面通风无法保证室内所有工作点都达到人体舒适的程度，而且既不经济又不可靠，因此采用局部送风的方式使车间某些局部区域的环境达到人体舒适的程度，这是一种既比较经济又可靠的方法。这种只须向个别的局部工作地点送风、使局部地点有良好的空气环境的通风方法被称为局部送风。

（2）局部排风系统

在工业厂房车间中污染物定点发生的情况很多，如电镀车间的电镀槽、工件清理的喷砂工艺车间和油漆车间的喷漆工艺车间，还有粉状物料（水泥、面粉、饲料）生产车间的运输线、装袋等工艺车间。在民用建筑中也有一些定点产生污染物的情况，如宾馆、家庭厨房中的炉灶，餐厅中的火锅，学校、研究所中的化学试验台等。由于其产生的污染物只是整个生产线中的某个工作点，如果对整个车间采用全面通风方式，不仅不利于有效控制污染物，反而会使污染物在室内扩散，其危害更大。当污染物发生量大时，将污染物稀释到卫生标准以下所需的通风量过大，则车间空气流速过大，造成人体不适；相反，局部排风就能有效控制污染物在室内的传播量，而且排风量小，能耗也小。

2. 局部排风罩

局部排风罩是局部排风系统的集气装置。按照工作原理的不同，局部排风罩可分为密闭罩、柜式排风罩（通风柜）、外部吸气罩（包括上吸式、侧吸式、下吸式及槽边排风罩等）、接受式排风罩、吹吸式排风罩等基本形式。按排风罩的密闭程度不同，其可分为密闭式排风罩、半密闭式排风罩和开敞式排风罩。

密闭罩（或密闭式排风罩）是将生产过程中的污染源密闭在罩内的排风罩。当排风罩排风时，罩外的空气通过缝隙、操作孔口渗入罩内，罩内保持负压，罩内污染空气由上部排风口排出。

确定排风罩排风量时，人们主要考虑从缝隙、孔口进入的空气量，物料下落时带入罩内的诱导空气量，因工艺需要鼓入的空气量，污染源散发的气体量，还有在生产过程中因受热使空气膨胀或水分蒸发而增加的空气量。一般情况下人们只考虑前两种空气量，其他的空气量应根据现场工艺确定。

密闭罩的形状、大小应当根据工艺设备的具体情况来设计，和工艺密切配合，使排风罩的配置与生产工艺协调一致，力求不影响工艺操作。最好在污染物的局部散发点设密闭罩，即局部密闭罩，减少排风量，这种方法比较经济，但有时无法做到在局部点密闭，而必须将整个工艺设备，甚至把工艺流程的多个设备密闭在罩内或小室中，即整体密闭罩或密闭小室，这类罩或小室开有检修门，便于维修，其缺点是风量大，占地大。

使用密闭罩能有效地收集局部污染源产生的污染物，控制污染物扩散，并且其排风量小，运行经济。排风罩的性能不受周围气流的影响，但是工艺设备被密闭后设备的维修不方便。

柜式排风罩，其结构和密闭罩有相同之处，同样是把污染物装在罩内，只是柜式排风罩由于工艺操作需要，无法将产生污染物的设备完全或部分封闭，为了操作需要，人们往往把罩的一面全部或部分敞开作为工作孔的一种排风罩。由于排风机的作用使罩内为负压，在工作孔上形成了一定的吸入气流，从而防止了有害物从罩内外逸。

外部排风罩，由于受工艺条件限制，生产设备不能密闭时，污染源基本上是敞开的，这时可把排风罩设在有害物源附近，依靠罩口的抽吸作用，在有害物发散地点形成一速度场，把有害物吸入罩内。这类排风罩统称为外部排风罩。

外部排风罩速度场的大小是有害物是否全部吸入罩内的关键因素，即在距吸气口最远的有害物散发点（即控制点）上形成适当的空气流动，控制点的空气运动速度是关键，既不能过小，又不能过大，过小则不能完全控制有害物，过大则造成不必要的浪费，该空气运动速度被称为控制风速。

三、自然通风效果与影响因素

（一）自然通风效果与相关通风选用原则

自然通风降温效果与建筑平面布置及形式有密切的关系。为了更好地提高自然通风降温效果,一般应尽量将房屋布置成南北向,以避免大面积的墙和窗受晒,在我国南方炎热地区尤应如此。通风门、通风窗的布置与结构对自然通风效果也有重大的影响,普通高温车间采用天窗结构,可大大改善自然通风效果。

自然通风与机械通风方案的选用原则:当具有自然通风的条件,利用自然通风能满足卫生标准和使用要求时,优先采用自然通风。

局部通风与全面通风方案的选用原则:对于产生粉尘、散发有害气体的部位,应首先采用局部气流直接在有害物质产生的地点对其加以控制或捕集,以避免污染物扩散到作业地带,在不能设置局部通风或设置局部通风仍不能满足室内卫生标准要求或工艺条件不允许设置局部通风时,才辅以全面通风措施。

单一通风与综合通风措施的选用原则:当采用单一的通风方式不能满足室内卫生标准和使用要求时,才采用多种综合的通风方案措施。

(二)自然通风的影响因素

依靠热压或风压为动力的自然通风是应用十分广泛的一种通风方式。居住建筑、办公楼、工业厂房主要是依靠自然通风来保障室内空气质量。但是自然通风方式难以进行有效控制,我们只能通过自然通风的原理,采取一定措施来控制自然通风,使其按照我们预想的方式进行。

与机械通风不同,自然通风受到很多因素的影响,如气候、周围微环境、建筑结构等,因此在进行设计的时候要将这些因素考虑进去,将这些因素作为一个整体来进行设计。自然通风的效果与门、窗等建筑结构有着密切的关系,因此在设计建筑结构的时候要充分考虑如何利用自然通风。

自然通风的优点在于节能、可改善室内的舒适性、可提高室内空气品质,可以说是一种非常有潜力的通风方式;其缺点是由于其受室外气候、建筑结构等因素的影响,所以在设计和控制的时候比较复杂。

四、机械通风设计

(一)机械通风系统进风口布置及计算参数选择

1.机械通风系统进风口的布置

①进风口要布置在室外空气比较干净的地方,主要是为了避免送入室内的空气被不良

的室外环境影响。

②进、排风口的相对位置，应遵循避免短路的原则，进风口宜低于排风口 3 m 以上，以防止排风污染进风。

③进风口的下缘的位置距室外地坪不宜小于 2 m，当布置在绿化地带时，不宜小于 1 m，主要是为了防止送风系统把进风口附近的灰尘、碎屑等扬起并吸入。

④应避免进风、排风短路。

2. 机械通风系统的室外空气计算参数选择

选择机械通风系统的空气加热器时，室外空气计算参数应采用采暖室外计算温度。当其用于补偿消除余热、余湿用全面排风耗热量时，应采用冬季通风室外计算温度。

（二）住宅机械通风的局限与排风道参数计算

目前，机械通风在住宅中应用还存在以下几点局限：

①室内通风量难以确定，在国家通风量标准中只规定了单人的新风量需求，对于不确定房间会有多少人的新风量需求没有规定。

②缺少对住宅通风系统的分类，也缺少相关的工程对不同系统进行比较。

③缺少在不同气候条件下，不同系统运行和控制的研究。

④应用于住宅的通风类产品还有待完善和增加。

住宅的厨房、卫生间的排风管道应设置为竖向，需要具备防火、防倒灌、防串味、排期均匀的功能，并且顶部需要设置防倒灌装置，防止室外风倒灌。排风道的设置需要符合相关标准，排风道的设置有以下几点需要注意：

①为用户在油烟机软管接入口安装可靠的止逆阀。

②排风道设计都是以假定的烟道内截面尺寸来计算流动阻力的，因此需要后期根据油烟机的性能进行修正。

③排风道阻力计算可以采用纵局部阻力等于中沿程阻力的办法。

（三）公共厨房通风的通风方式与通风量计算

1. 公共厨房通风方式

通常厨房的通风方式有自然通风和机械通风两种，但是厨房的油烟很重，很容易进入餐厅。因此，仅依靠自然通风是不能满足厨房通风需求的，还需要借助机械通风，及时排除油烟。公共厨房应该应用机械排风系统，由于厨房的油烟、水汽比较严重，一般采用直流式的通风系统，全部用室外空气处理，不使用回风。

2. 公共厨房通风量

公共厨房的排风系统还应该设置全面通风和局部通风。全面通风系统可以使用热平衡法和换气次数法来计算通风量，取其中的较大值。

五、除尘系统设计

（一）除尘系统的抽尘罩的设计原则

①抽尘罩的形式应适宜，抽尘罩的形式很多，因此在设计抽尘罩时，人们需要对粉尘特性、扩散规律、操作方式等因素进行综合考虑，根据实际情况设置抽尘罩。

②抽尘罩的位置要正确，抽尘罩的吸气气流方向应尽可能与污染气流运动方向一致，并且抽尘罩的配置既要与生产工艺协调一致，又不能妨碍工人的操作。

③抽尘罩的风量要适中，过大或过小都是不合适的。若风量过大，既会抽走物料，又会加大除尘器负荷；若风量过小，既不能控制粉尘的飞扬，也不能抵抗周围气流的干扰。

④抽尘罩的安装应正确，抽尘罩安装在设备上后，不得妨碍设备的正常检修。

（二）除尘风管的风速及管壁厚度

1. 除尘风管中的风速

除尘系统风管内风速的大小，除了要考虑对系统经济性的影响之外，还要考虑其对设备和风管的影响。风速过大会加快设备和风管的磨损，风速过小又会使粉尘沉积堵塞管道。除尘系统风管内的最低空气流速跟粉尘的类别有关，但除尘器后风管中的风速以 8 ~ 10 m/s 为宜。

2. 除尘风管的管壁厚度

除尘系统因管壁磨损大，通常用的风管壁要比一般通风系统的风管壁（常为 0.5 ~ 1.5 mm 的钢板）厚得多。在设计选用时，除了要满足最小壁厚要求外，设计人员还须考虑磨损、腐蚀余量等。

（三）除尘系统的风机的选择

选择除尘系统的风机应符合以下要求：

①应根据现场的情况及除尘系统输送的粉尘物性来选取不同用途的通风机，如选用普通风机、高压风机、排尘风机或者防爆风机，并应注意各种风机的区别和应用场合。

a. 普通风机：用以输送比较清洁的空气，并且其温度不高于 80 ℃，含尘浓度不超过 150 mg/m³。

b. 高压风机：其全压大于 2 940 Pa（2 940 ~ 14 700 Pa）。

c. 排尘风机：用以输送含尘浓度超过 150 mg/m³ 的空气，它经过特殊处理，不易被粉尘堵塞，并比较耐磨。

d. 防爆风机：用以输送有爆炸危险性粉尘的空气，它的外壳和叶轮外表面覆盖橡胶或采用软金属（如铝）制造，此类风机要配用防爆电机。

②选择风机时，应考虑除尘设备、除尘风管系统的漏风问题。因此，设计人员在设计时系统的空气量时应考虑必要的安全系数，一般取10% ~ 15%。此外，目前生产的普通型中、低压风机，其全压允许波动的范围为额定压力的 –8% ~ 15%，因此，选择风机时应考虑风机性能降低的安全系数，一般取10%。

③根据系统所需要的风量与风压，由生产厂家提供的风机样本列出的风机性能参数表或特性曲线，选用合适的风机型号，确定转速、功率、出风口位置、旋转方向、传动方式等。

④除尘系统一般应选用单台风机工作。

六、通风房间的热气平衡

（一）空气平衡

普遍认为，湿球温度与绝热饱和温度是完全不同的两个参数。人们通过对湿球温度测量、空气绝热降温过程中空气状态变化的分析得出：对于任何体系，湿球温度都等于绝热饱和温度，两者并不是本质不同的状态参数。当空气—水系统处于热力学平衡状态时，湿球温度是平衡体系中水相的温度，而绝热饱和温度是空气相的温度，两者的数值相等，是同一平衡体系不同物相温度的表示。

对房间进行通风时，实际上风量总是自动平衡的。空气平衡是指按照设计者或使用者的意愿进行的、有计划的平衡。如果不进行空气平衡设计，通风系统有可能在实际运行时的平衡状态达不到通风的要求。例如，在一房间内为排除某污染源散发的污染物而安装一套局部排风系统，但运行时并不好用，风量达不到要求，其问题是该房间在地下室，密闭性较好，由于没有相应的进风系统或进风通道，致使房间负压较大，排风系统风量减小。这类情况实际上经常发生。对于有自然通风的工业厂房，在进行自然通风设计时，应当考虑空气平衡，分配各部分风量。

（二）热平衡

房间在通风过程中，随着空气的进出，同时热量也进出，再加上室内有冷热负荷，从而导致房间得热和失热，最终影响房间的温度。空调系统在设计时就已实现了空气平衡和热量平衡。在通风房间中，夏季除了为消除余热的热车间通风须做热平衡计算外，一般房间的通风不须进行热平衡计算，而在冬季，尤其在寒冷地区，人们应在进行空气平衡设计时进行热平衡计算，以分配房间中供暖通风设备的热负荷。冬季热平衡计算分正压房间和负压房间两种情况。

要使通风房间温度保持不变，必须使室内的总得热量等于总失热量，保持室内热量平衡，即热平衡。

第三章 空气调节系统与防排烟设计

在暖通空调的设计中，空气调节系统是十分重要的组成部分，暖通空调是顺利实现空气流通和水循环的重要保障。设计人员清楚地认识空气调节系统的分类、原则和调节方法有利于该系统的设计及良好运作，从而给人们带来更好的生活体验和审美体验。建筑火灾烟气具有非常大的危害，同时火灾产生的烟气还存在着一些流动规则，因此烟气的控制有一定的原则和方式，人们只要掌握各种排烟方法并分析其主要特点，对各个方法的特点进行对比，就能根据实际设计出防排烟系统，并通过对排烟系统的运行和控制，从而有效控制烟气，保障人们安全。

第一节 空气调节系统设计

一、空气调节系统的组成与分类

（一）空气调节系统的组成

1. 进风部分

空气调节系统必须引入室外空气，即新风。新风量的多少主要是由系统的服务用途和卫生要求决定的。新风的入口应设置在其周围不受污染影响的建筑物部位。新风口连同新风道、过滤网及新风调节阀等设备共同组成了空调系统的进风部分。

2. 空气处理设备

空气处理设备包括空气过滤器、预热器、喷水室（或表冷器）、再热器等，是对空气进行过滤和热湿处理的主要设备。它的作用是使室内空气达到预定的温度、湿度和洁净度。

3. 空气输送设备

该设备包括送风机、回风机、风道系统，还有装在风道上的调节阀、防火阀、消声器等设备。它的作用是按照预定要求向各个房间输送经过处理的空气，并将一定量的室内空气进行抽回或排出。

4.空气分配装置

此装置包括设在空调房间内的各种送风口和回风口。它的作用是合理组织室内空气流动，以保证工作区内有均匀的温度、湿度、气流速度和洁净度。

5.冷热源

除了上述四个主要部分以外，集中空调系统还有冷源、热源及自动控制和检测系统。空调装置的冷源分为自然冷源和人工冷源。其中，自然冷源的使用受到多方面的限制，因此目前主要采用人工冷源。

空调装置的热源也可分为自然热源和人工热源两种。自然热源是指太阳能和地热能，它的使用受到自然条件的多方面限制，因而应用并不普遍。人工热源是指通过燃煤、燃气、燃油锅炉或热泵机组等所产生的热量。

（二）空气调节系统的分类

空气调节系统的分类有许多种，一般有以下几种分法：

1.按空气处理设备的集中程度分类

（1）集中式空调系统

在空调机房内集中设置了空气处理设备和风机等，这些设备通过送回风管道与被调节的各房间相连，从而实现对空气的集中处理和分配。

在这类系统中，相关的空气处理设备可以很好地完成对空气的各种处理，并且可以使空调精度、空调洁净度和调节范围等各方面的要求得到满足，同时在集中管理和维护方面也更易于实现。总的来讲，它属于最基本的空调方式，主要应用于工业建筑中的工艺性空调及民用建筑中的舒适性空调。

（2）半集中式空调系统

这类空调通常情况下会在空调机房内集中设置一次空气处理设备和风机、冷水机组等，而在空气调节区内则设置相应的二次空气处理设备。

相比集中式空调系统，这类系统省去了回风管道，并且极大地缩减了送风管道的断面积，进而节省了建筑空间。总的来讲，在目前所有的建筑中，这类空调系统是发展较快且应用最广的一种。

（3）分散式空调系统

这类空调系统也可以称为局部式或冷剂式空调系统。它主要是通过相应的空气调节器来对空气进行就地处理，而这些空气调节器往往是在各空气调节区中分散设置的。从本质上看，空气调节器就是一种机组，它可以将各类设备组装在一起，其中包括空气处理设备、风机和冷热源设备等。每一台机组都可以被视为一个局部式空调系统。

一般情况下，这类系统不需要单独的机房，因此它具有移动方便、使用灵活的特点，这可以使不同的空气调节区及相应的送风要求得到更好满足。分散式空调系统主要应用于家用空调和车辆空调。

2. 按负担室内热湿负荷所用的介质分类

（1）全空气式空调系统

在这类空调系统中，经过加热或冷却处理的空气会负担起空气调节区的全部室内负荷。这类空调系统主要包括单风管系统、双风管系统、全空气诱导系统及变风量系统。

（2）空气—水式空调系统

在这类空调系统中，经过处理的空气和水将会共同负担起空气调节区的全部室内负荷。这类空调系统主要包括独立新风加风机盘管系统、置换通风加冷辐射板系统等。

（3）全水式空调系统

在这类空调系统中，经过加热或冷却处理的水会负担起空气调节区的全部室内负荷。这类空调系统主要包括无新风的风机盘管系统和冷辐射板系统。

（4）冷剂式空调系统

在这类空调系统中，空气调节区室内负荷将由作为介质的制冷剂的"直接膨胀"全部吸收。这类空调系统主要包括商用的单元式空调器及家用的房间空调器。

3. 按被处理空气的来源分类

（1）封闭式空调系统

全部利用空气调节区回风循环使用、不补充新风的系统称为封闭式空调系统，又称为再循环空调系统。这类系统比较节能，但不符合卫生要求，主要用作工艺设备内部的空调。

（2）直流式空调系统

全部使用新风、不使用回风系统的空调系统被称为直流式系统，又称为全新风系统。这种系统能量损失很大，只在有特殊要求的放射性实验室、散发大量有害（毒）物的车间及无菌手术室等场合应用。

（3）混合式空调系统

从上述两种系统人们可知，封闭式系统不能满足卫生要求，直流式系统经济上不合理，因此两者都只在特定情况下使用，对于绝大多数场合，往往需要综合这两者的利弊，部分利用回风，部分利用新风，这类系统被称为混合式空调系统，其常用的形式有一次回风系统和一、二次回风系统。

二、空调系统的形式选择与划分原则

（一）系统形式的选择

通常情况下，在进行空调系统的选择时，要同时考虑到多项指标，其中包括功能性指标、经济性指标、能耗指标、系统与建筑的协调性及维护管理的方便性和噪声等，然后在此基础上，选出最优或较优的系统。

此外，在选择系统之前，设计人员还要对建筑和空调房间的特点与要求有所了解，如冷负荷密度（即单位面积冷负荷）、冷负荷中的潜热部分比例（即热湿比）、负荷变化特点、房间的污染物状况、建筑特点、室内装修要求、工作时段、业主要求和其他特殊要求等。从本质上看，系统的选择过程就是寻求系统与建筑最优搭配的过程。系统选择的分析方法如下：

①对于空气系统而言，其空气处理机组的处理功能多样且处理能力较强，因此，它适用于冷负荷密度或潜热负荷相对较大、有较高的净化要求的场所。但是，由于大风管及空调机房的制约，全空气系统往往难以应用于建筑层较低、建筑面积紧张的场所。

②全空气定风量系统适用于空间高大的场所，如候机大厅、大车间、体育馆比赛大厅等，其原因主要是这类场所的房间内需要有均匀的温度及一定的送风量。

③一般情况下，在给建筑加装空调系统时，最好的选择就是安装空气—水系统，而不宜采用全空气集中空调系统，这是因为空气—水系统中的风管易于安装且风量较小，可分层、分区设置。

（二）系统划分的原则

一幢建筑不仅有多种形式的系统，而且同一种形式的系统还可以划分成多个小系统。系统划分的原则如下：

①系统应与建筑物分区一致。一幢建筑物通常可分为外区和内区，外区又称周边区。周边区的负荷与室外有着密切的关系，不同朝向的周边区的围护结构冷负荷差别很大。北向冷负荷小，东侧上午出现最大冷负荷，西侧下午出现最大冷负荷，南向负荷并不大，但4月、10月南向的冷负荷与东、西向相当。在有内、外区的建筑中，就有可能出现需要同时供冷和供热的工况，系统宜分内、外区设置，外区中最好分朝向设置，因为有的系统无法同时满足内外区供冷和供热要求。

②在供暖地区，有内、外区的建筑，且系统只在工作时间运行（如办公楼），当采用变风量系统、诱导器系统或全空气系统时，无论是否分区设置，宜设一独立的散热器供暖

系统，以在建筑无人时（如夜间、节假日）进行值班供暖，从而节约运行费用。

③一般民用建筑中的全空气系统不宜过大，否则风管难于布置；系统最好不跨楼层设置，需要跨楼层设置时，层数也不应太多，这样有利于防火。

三、空调的自动控制与运行调节

（一）空调的自动控制

1. 自动控制系统的构成及分类

制冷空调自动控制系统一般都是反馈控制系统。所谓反馈，就是将系统的输出量引回来作用于系统的控制部分，从而形成闭合回路，这样的系统称为闭环控制系统，也称为反馈控制系统。根据输入量变化的规律分类，反馈控制系统可以分为恒值控制系统和随动控制系统两大类。

（1）恒值控制系统

恒值控制系统的特点：系统的输入量（设定值）是恒量，并且要求系统的输出量（受控变量）也相应保持不变。这类系统所需要解决的主要问题就是其要克服各种能够使受控变量偏离设定值的扰动的影响。系统中控制部分的任务是尽快地使受控变量恢复到设定值，如果不得已而残留一些误差，则误差应当尽可能小。恒值控制系统是制冷空调自动控制系统中最常见的一类，如恒温控制系统、差压控制系统等。

（2）随动控制系统

随动控制系统的特点：输入量是变化的（可能是有规律的变化，也可能是随机变化），并且要求系统的输出量能够跟随输入量的变化而做出相应的变化。

2. 制冷系统自动控制的主要环节

（1）连锁控制

第一，启动。开冷却塔风机，启动冷却水泵，经延时启动冷冻水泵，最后经延时后启动制冷机组（现多为冷水机组）。

第二，停止。首先停止制冷机组工作，经延时关闭冷冻水泵，再经延时关闭冷却水泵，最后关闭冷却塔风机。

（2）保护控制

冷冻水泵、冷却水泵启动后，水流开关检测水流状态，当水压过高时发出停泵信号，当水压过低时发出启动水泵信号。

（3）制冷机组自身的运行控制和保护控制

目前，制冷机组（冷水机组）均配备有完善的控制系统，一般其测控的项目有冷凝器和蒸发器的进出口水温、压缩机的进排气温度、压缩机的进排气压力、冷凝器和蒸发器的水流开关、润滑油压差及电动机的超载情况等，并且其采用了相序保护、电压保护、防连续启动保护、低压保护、高压保护、电动机过电流热保护和油压保护等保护措施。同时，其也能提供可编程的中央控制器以实现对冷却塔、冷却水泵、冷冻水泵运行的自动控制。

3. 空调系统自动控制的优点

空调系统自动控制相对于依靠管理人员的手动控制，有如下优点：

①保证系统按预定的最佳方案运行，能耗和运行费用低。

②保证室内温度达到所要求的条件。

③系统运行安全、可靠，如防止空调系统冬季运行时空调机组中盘管冻结。

④管理人员少，劳动强度低。

相对来讲，它的主要缺点是初投资高。

系统自动控制适用于控制精度要求较高的恒温恒湿工艺性空调，其在大中型建筑的舒适性空调系统中也得到了广泛应用。现代化建筑一般是由中央监控系统对整个建筑进行监控和管理，其还需要暖通空调系统实现自动控制。

4. 自动控制系统的基本组成

在自动控制系统中，被控对象的有关信息被获取以后，通过一些中间环节，最后又作用于被控对象本身，使之发生变化。这样，信息的传递途径是一个闭合的环路。自动控制系统由传感器、控制器、执行调节机构组成，其中，控制器是由调节器和执行器构成的。下面分别予以说明：

（1）调节对象与被调参数

调节对象在暖通空调中指室内热湿环境、洁净度、空气品质或冷热源的制冷量和供热量等。被调参数是指表征调节对象特征的可以被测量的量或物理特性，在暖通空调中被调参数指的是房间热湿环境的温度和湿度、冷水机组的冷冻水供水温度、汽／水加热器或水／水加热器中的热水供水温度、流体流量、室内空气品质的 CO_2 浓度、水槽或水箱（如膨胀水箱、蓄热水池、补给水箱等）的水位（控制水容量）等。

（2）扰量

扰量是指导致调节对象的被调参数发生变化的干扰因素，如房间内人员数量变化、灯光的强度增减、室外气象参数的变化等，都是房间热湿环境的扰量，它们均会引起被调参数（温度和湿度）的变化。

（3）传感器

传感器又称敏感元件、变送器，多用来测量被调参数的大小并输出信号。其输出的信号可以是被调参数的模拟量，如电压、电流、压力等。传感器有很多种，按控制的参数其分为温度传感器、相对湿度传感器、压力和压差传感器、流速传感器、焓值含湿量变送器（由温度、湿度传感器组成）、二氧化碳 / 挥发性有机化合物传感器等。温度传感器根据工作原理又可分为电阻型、温包型等。在暖通空调中应用的传感器根据安装位置可分为室内型、室外型（上两种挂于墙上）、风管型、水管型等。

（4）控制器

控制器又称调节器，它接收传感器的信号，与给定值（按要求设定的被调参数值）进行比较，并按设定的控制模式对执行调节的机构发出调节信号。任一时刻被调参数的实测值与给定值之差称为偏差，控制器对偏差按一定的模式进行计算而给出调节量（输出信号），这种计算模式即为控制模式。目前，常用的控制模式有开关控制（双位控制）、比例控制（P）、浮动控制、积分控制（I）、微分控制（D）。后两种控制模式一般不单独使用，常见的组合有比例积分（PI）控制、比例积分微分（PID）控制。目前，有各种参数（温度、湿度、压力等）不同且控制模式也不同的控制器供用户选用。只有双位控制的控制器通常称为开关，如压差开关、流量开关、低温断路开关等。

计算机技术突飞猛进的发展促进了自动控制技术的发展。现代的控制器应用了微处理技术，被称为数字式控制器或微处理控制器。应用数字式控制器可以根据数学模型和推理（事先编制的算法和程序）进行控制，这种控制被称为直接数字控制（DDC）。市场上的数字式多功能控制器可控制多个被调参数，具有多种控制模式（P、PI、PID 和开关等），可实现延迟、连锁、逻辑推理、运行模式或功能切换、焓值和含湿量计算等多种功能。目前，以非数值算法为基础的控制模式（如模糊控制、神经网络控制等）已开始被应用于空调系统控制中。

（5）执行调节机构

执行调节机构接收来自控制器的调节信号，然后对被调介质的流量（或能量）进行调节。执行调节机构由执行机构和调节机构组成。前者将控制器的调节信号转换成线位移或角位移，再驱动调节机构（如调节阀）对被调介质进行调节。执行调节机构有气动和电动两类。气动执行调节机构必须有气源，因此在应用上往往受到限制。在暖通空调中常用的是电动执行调节机构，如电动调节阀（二通或三通）、开 / 关型电动阀、电动调节风门等。

传感器、控制器、执行调节机构可以是三个独立的部件，也可以两件或三件组合成一个设备，如传感器与控制器组合，仍称为控制器。

5. 控制器的调节规律

自动控制系统中的控制器可以是由运算放大器等模拟电子器件组成的，也可以是由微型电子计算机（包括单片机）及相应的算法程序组成的。其调节规律有双位调节、比例调节、比例积分调节和比例积分微分调节等，具体如下：

①双位调节是最简单的控制规律，又被称为开关控制，它只有两种输出状态，一般用于控制电磁阀的启、闭和电气设备的开、停。

②比例调节规律的特点是控制器的输出信号 u 与偏差信号 e 成正比，并且它可以进行连续调节。但是，当调节过程结束后，被调量不可能与设定值完全相等，而是会有一定的残余误差。因此，比例调节是有差调节。

③比例积分调节的规律就是利用比例调节作用快速抵消干扰的影响，同时加入积分调节作用最终消除残差。与比例调节不同的是，当调节过程结束后，被调量理论上与设定值完全相等，没有残余误差。因此，比例积分调节是无差调节。但是，比例积分调节在引入积分作用、消除系统残余误差的同时，降低了原有系统的稳定性。

④比例积分微分调节在比例积分调节的基础上又加入了微分调节作用，以抑制被调量的振荡，提高控制系统的稳定性。比例积分微分调节同样是无差调节。可以说，比例积分微分控制器综合了各类控制器的优点，具有总体上较好和各方面较平衡的性能，通常在控制品质要求比较高的场合中使用。

无论是采用哪一种调节规律，控制器的各个参数都应当根据被控对象的特性和控制要求进行选择与确定。

当采用以上调节规律的控制器不能满足控制要求时，应考虑采用串级控制、前馈控制或补偿控制等复杂控制系统。

（二）空调系统的运行调节

在中央空调系统投入使用后，人们必须根据当地的室外气象条件和室内冷、热、湿负荷的变化规律，结合建筑的构造特点和系统的配置情况，制订出合理的运行调节方案，以保证中央空调系统既能发挥出最大效能，满足用户的空调要求，又能避免不必要的能量浪费，尽量延长系统使用寿命。

1. 变风量集中式空调系统的运行调节

在全年的运行调节中，送风量保持不变的空调系统称为定风量系统。在定风量空调系统中，其空调房间内的送风量又是按照房间内的最大冷（热）负荷和湿负荷来确定的。但空调系统在全年的运行调节中，由于室外气象条件的变化，空调房间内负荷的变化都会直接影响空调房间内的冷（热）负荷与湿负荷。在送风量不变的条件下，为了保证空调房间内所要求的空气温度和相对湿度，夏季就须减少空调系统的送风温差，冬季则要加大空调系统的送风温差，即通过提高送风温度来保证空调房间在送风量不变的条件下保证室内所要求的温度、湿度，这样就使部分冷、热量相互抵消，而浪费了一定的能量。

为了有效地节约空调系统在运行调节中所消耗的能量，人们便采用了变风量空调系统。变风量空调系统在保证送风参数（送风状态空气的干、湿球温度）相对固定的情况下，随着空调房间内热、湿负荷的变化，用改变送风量的方法来保证室内所要求的空气参数不变。这样一方面可以减少空调系统处理空气所消耗的能量，另一方面也可减少空气输送设备（风机）运转时所消耗的能量。

变风量空调系统是根据空调房间内热、湿负荷的变化，由变风量末端装置通过控制系统的作用来改变送入房间的风量以保证空调房间内温度、湿度的相对稳定，因此，末端装置在变风量空调系统中起着非常重要的作用。一个变风量空调系统运行性能的好坏，在某种程度上取决于末端装置。变风量末端装置的主要功能如下：

①根据空调房间内温度的变化，由温度控制器接收信号并发出指令，改变房间的送风量。

②当空调房间的送风量减少时，能保证房间原来的气流组织形式。

③当系统送风管内的静压力升高时，保证房间的送风量不超过设计的最大送风量。

④当空调房间内的热、湿负荷减少时，能保证房间的最小送风量，以满足最小新风量的要求。

2. 半集中式空调系统的运行调节

风机盘管系统是目前在我国的建筑中使用非常广泛的空调系统，特别是在写字楼和酒店这类有大量小面积房间的建筑内，它们几乎都采用了这样的系统。

一般从卫生标准上考虑，大多数风机盘管系统都配有独立的新风系统。

（1）风机盘管的运行调节

风机盘管是风机盘管机组的简称，属于小型的空气处理机组。这种空调系统的末端装置能够根据其所安装的房间或作用范围的温度变化，方便、灵活地进行单机调节，以适应各空调房间内冷热负荷的变化，以保证空调房间内的温度在一定范围内变化，从而达到控制房间或作用范围内温度的目的，这也是风机盘管得到广泛应用的一个重要的特点。风机盘管目前常用的调节方式有两种，即风量调节和水量调节。

①风量调节

风量调节即改变风机盘管送风量的调节方式，一般通过改变风机的转速来实现，有三速手动调节和无级自动调节等方法。

a. 三速手动调节。三速手动调节是风机盘管最常用的调节方法。风机盘管上有高、中、低三挡风量，通常由空调房间的使用者根据自己的主观感觉和愿望来选择或改变风机盘管的送风挡。由于其只有三个挡的调节级次，因此室内温度、湿度参数值波动较大，对室内冷热负荷变化的适应性较差。如果操作有误或调节不及时，还会引起过冷或过热现象。

b. 无级自动调节。无级自动调节是借助一个电子温控器来完成的。空调房间的使用者在启动风机盘管后，根据自己的要求设定一个室温就可以不用再操作了。温控器所带的温度传感器会适时检测室内温度，通过与预设室温的比较来自动调节风机盘管的输入电压，对风机的转速进行无级调节。温差越大，风机转速越高，送风量越大；反之，则送风量越小。无级自动调节对室内冷热负荷变化的适应性较好，能免去空调房间使用者的调节操作和不及时调节造成的不舒适感，是一种比较平滑的细调节方法。

风量调节比较简单，操作方便，容易实现，但在风量过小时会使室内的气流分布受影响，使送风口附近与较远位置产生较大的区域温差。在夏季，如果风量太小就会造成送风温度过低，还会使风机盘管的外壳表面结露，出现滴水现象。

②水量调节

水量调节即改变通过盘管水量的调节方式。其一般通过二通或三通电动调节阀调节进入盘管水量的方法来实现。但是，由于上述阀门价格高、构造复杂、易堵塞、有水流噪声，因此极少使用。

风机盘管目前大量采用的是风量调节方式，水路上只安装一个二通电磁阀，其根据风机盘管是否使用或室温是否达到设定的温度值来相应地控制水路的通断。

（2）风机盘管加独立新风系统的运行调节

与风机盘管系统配合使用的空调房间新风供给方式包括由室内排风形成的负压渗入新风、风机盘管自接管引入新风、独立新风系统供给新风等。其中以独立新风系统使用得最多，它与风机盘管系统配合组成了空气水空调系统中的一种最主要的形式，即风机盘管加独立新风系统。

如果新风系统不承担室内负荷，则风机盘管就不仅要承担日常变化性质的瞬变负荷，还要承担季节变化性质的渐变负荷。由于目前风机盘管系统绝大多数采用的是双水管（一供一回），使得系统中的所有风机盘管在同一时间从供水管获得的几乎都是同一温度的冷水或热水，因此，人们也可以通过统一调节风机盘管的供水温度来消除室外气象条件季节性变化对所有房间造成的影响。供水温度调节则可以由运行管理人员根据室外气象条件的变化情况在冷热源处集中进行。

四、空调系统的气流组织设计

（一）空调系统气流组织的概述

通过末端风口选型和合理布置，使空调系统的送风、回风、排风达到最好的效果，这就是气流组织，其重要性因场合不同而显示不同。

①一般空调房间要求工作区域的温湿度均匀、稳定，气流速度不超过规定值。

②室内温湿度有精度要求的房间，既要保证室内规定区域内的温湿度波动在规定值允许的范围内，还要使区域内的送风温差保持在规定值内。

③有洁净度要求的房间，分为工业洁净和生物洁净，分别要保证工作区内的含尘浓度和细菌数要达到某级的标准，因此，气流组织有更严格的规定。

④高大空间的空调，有的要求保证工作区温湿度及其精度，也还有要求限制垂直温度梯度的。

以上种种场合需要我们采用不同形式的末端风口或装置，组成不同的送风、回风、排风方式。

（二）空间气流组织的选用原则

空调房间中经过处理的空气由送风口送入房间，与室内空气进行热湿交换后，经过回风口排出。显然，空调房间的温度场、速度场的均匀性和稳定性与室内空气的流动情况密切相关。

概括来讲，房间的气流组织原则主要有两个，具体如下：

1. 挤压原则

这一原则主要是指对室内的热湿空气进行挤压，从而使其从回风口排出，在这种情况下，只有很小的横向流动会出现在所需的主流方向上，其具有良好的换气效果及均匀的气流分布，多用于对气流组织要求较高的场合，如手术室、洁净室、特殊生化实验室、喷漆车间等。

2. 稀释原则

这一原则主要是指在不断稀释室内热湿空气的情况下，通过一定的诱导作用，把房间的射流由送风口送入，受其卷吸作用的影响，射流周围的空气会不断地被吸入，而一部分的回返气流又会去补充被吸走空气之前所占的空间，这时回旋的涡流就形成了。在旋转的涡流区中，受充分的热湿交换的影响，温度场、湿度场也会相对均匀，但是在墙角等诱导作用难以达到的地方则很容易形成一定的死角。

（三）各种送风方式的设计要点

1. 侧送风

侧送风是使用最多的送风形式，采用贴附方式，可以增加射程长度，但其要求顶棚不应有凸出的物体，在有横梁时应使射流方向与其平行。工作区应位于回流区内，切忌将回风口设置在送风口的对面。

2. 散流器送风

散流器按形状分为方形、矩形和圆形，按送风气流分为平送贴附型和下送扩散型，按功能分为普通型和送回（吸）两用型。

①方形矩形散流器有单面、双面、三面、四面送风等种类，可以适应不同类型的房间和设置位置。

②圆形散流器由多层锥面（扩散圈）组成，当锥面下降时为平送流型，上提时为下送流型。

③旋流送风口依靠起旋器或旋流叶片等部件使轴向气流起旋形成旋转射流。由于其中心处于负压区，能诱导周围大量空气与之混合，适合如计算机房地板送风等场合，并且也有安装在顶棚的旋流送风口，有定型产品，不同的型号可适应冷热风吹出等特点。

④自力式温控变流型散流器将温控器安装在散流器内，用来感受系统送冷风还是热风，以改变送风流型，从而达到供暖与供冷的目的，其能消除高大空间冬季上热下冷的弊病。

3. 喷口送风

喷口送风射程长、送风量大、构造简单，适用于大型候机楼、候车室、展馆、体育馆、大型车间等大空间。其喷口也有多种形式。由于不等温射流的升降原因，选用时要注重选型计算。喷口工作区应在回流区，射程方向不应有阻挡物，当不是单侧送风时应防止射流的碰撞，出风口前后都不应设调节阀。

4. 孔板送风

孔板送风多利用顶棚上部空间为稳压层。空气进入稳压层以后，在静压作用下，通过孔板均匀地进入空调房间。根据室内温度精度和区域温差的规定，回风口可设在下部或侧墙下部，孔板设置有全部孔板和局部孔板两种。孔板送风的特点是送风射流消失快，送风气流与室内气流可以很快混合，区域温差小，其适用于室温允许波动范围较严格，气流速度较低的空调房间。

当整个顶板没有全部布置孔板时，孔板设置为局部孔板，其下方一般为不稳定流，两旁为回旋气流，适用于工艺分布在部分区域或有局部热源的空调房间，还可用在仅有局部地区要求较高的空调精度和较小气流速度的空调工程。

5. 风口静压箱

风口静压箱有条缝送风口静压箱和散流器静压箱之分。主干风道通过柔性风管与静压箱相连，短管内设有蝶阀，以调节进入风量，静压箱内贴吸声材料兼作保温，并且接口与所接散流器匹配。

第二节 暖通空调防排烟设计

一、自然排烟

（一）自然排烟方式

自然排烟方式是利用火灾时产生的热烟气流的浮力和外部风力作用，通过建筑物的对外开口把烟气排至室外的排烟方式。这种排烟方式实质上是利用热烟气与室外冷空气的对流运动原理，从而产生烟囱效应的结果。在自然排烟设计中，必须有冷空气的进口和热烟气的排烟口，排烟口可以是建筑物的外窗，也可以是专门设置在侧墙上部或屋顶上的排烟口。

自然排烟方式的优点是不需要动力和复杂设备，容易实现。但排烟受诸多因素影响，效果不够稳定。例如，受风向的影响，当排烟口处在背风面时，排烟效果良好，与此相反，当排烟口处于迎风面时，不仅排烟效果大大降低，还可能出现烟气倒灌现象，并使烟气扩散、蔓延到未着火的区域。

（二）排烟口面积

自然排烟对外的开口有效面积应根据需要的排烟量和可产生的自然压差来确定。但是燃烧产生的烟气量和烟气温度与可燃物的许多因素有关，而对外开口有效面积又与整个建筑诸多复杂因素有关，因此，要考虑如此多的参数来求解这个问题，在实际设计中几乎是行不通的。目前，各国都是根据实际经验及在一定试验基础上得出的经验数据，来确定自然排烟的对外有效开口面积。我国《高层建筑混凝土结构技术规程》（JGJ3-2010）（以下简称《高规》）规定：需要排烟的房间可开启外窗面积应大于等于房间面积的 2%。

（三）影响自然排烟效果的因素

一是烟气和空气之间的温度差。在火灾发生、发展的不同阶段，烟气温度是不断变化的，因此，烟气与空气之间的温度差、密度差也在不断变化。在火灾初期，烟温较低，烟气和空气的温度差、密度差较小，自然排烟进行得较缓慢；在火灾猛烈发展阶段，烟温急剧上升，烟气和空气之间的温度差、密度差大大增加，自然排烟进行得很迅猛。很显然，烟气和空气之间的温度差是随着时间而变化的，这就导致自然排烟的效果也随着时间而变化，因此，烟气和空气之间的温度差是自然排烟不稳定的影响因素。

二是排烟口和进风口之间的高度差。排烟口和进风口之间的高度差越大，热压作用越大，同时，临界速度也越大，而室外风力的影响相对减小。提高排烟口的位置和降低进风口的位置都可以加大两者之间的高度差，对促进自然排烟都是有效的。人们通常把排烟口设置在顶棚上或紧靠顶棚的侧墙上部，尽可能提高排烟口的位置。因此，专门设置的自然排烟口的排烟效果要比外窗好得多。对于一座已建成的建筑物来说，排烟口和进风口的位置都已固定，排烟口和进风口之间的高度差亦固定不变，因此，排烟口和进风口之间的高度差是稳定的影响因素。

三是室外风力的影响。室外风力对自然排烟的效果也有很大影响。当排烟口位于背风面时，室外气流的吸引作用更有利于自然排烟，风速越高越有利；相反，当排烟口位于迎风面时，室外气流的阻挡作用对自然排烟是十分不利的，并且风速越高自然排烟效果越差，当风速达到一定值时，自然排烟失效，若风速进一步增大，就会出现烟气倒灌的现象。这就是说，室外风向和风速对自然排烟的效果影响甚大。由于室外风向和风速是随季节而变化的，所以室外风力对自然排烟的影响是不稳定的。换句话说，室外风力是不稳定的影响因素。

四是高层建筑热压作用的影响。高层建筑由于室内外温差引起的热压作用，使上部楼层和下部楼层之间存在着一定的压力差。在冬季采暖期间，室内气温高于室外，上部楼层室内压力高于室外，向外排气，而下部楼层室内压力低于室外，向内进风，在建筑物的楼梯间等竖向通道中则存在着一股向上气流。如火灾发生在下部楼层，在火灾初期烟温尚不高的情况下，着火房间的热压一般较小，若不能克服室内外的压力差，烟气将被从开口流进着火房间的气流带到走廊、楼梯间前室及楼梯间，并随上升气流向上部楼层蔓延扩散。

在夏季使用空调期间，室内气温低于室外，上部楼层室内压力低于室外，向内进风，而下部楼层室内压力高于室外，向外排气，并且在建筑物中出现了股下降气流。如火灾发生在上部楼层，在火灾初期将产生烟气向下部楼层蔓延扩散的现象。

二、机械排烟

（一）机械排烟方式

机械排烟的实质是依靠机械动力，强制将烟气排至室外，并在失火区域内形成负压，防止烟气向其他区域扩散。简单来说，机械排烟实际上就是一个排风系统。

火灾发生时，着火区域内产生大量高温烟气，导致烟气体积膨胀，压力上升，一般平均压力高出其他区域 10 ～ 15 Pa，短时间可能升到 35 ～ 40 Pa，这将使烟气能够通过门窗缝隙、开口及其他缝隙处泄漏出去。机械排烟的目的就是将着火区域内的高温烟气抽吸至室外，这既排除了大量因燃烧而产生的热量，保护了建筑构件，又可保持着火区域内有一定的负压，这样既能防止烟气扩散，又能减小烟气浓度，便于人员疏散。

（二）机械排烟系统的设计

1.机械排烟系统排烟量的确定

根据相关标准的规定，排烟量按下述方法计算：

①排烟风机负担一个防烟分区或净空高度大于 6 的不划分防烟分区的大空间房间排烟时，排烟量应按该防烟分区面积每平方米不小于 60 m³/h 计算（单台风机最小排烟量不应小于 7 200 m³/h）；当负担两个或两个以上防烟分区排烟时，考虑到相邻两个防烟分区同时启动，排烟量应按最大防烟分区面积每平方米不小于 120 m³/h 计算。

②中庭排烟量按其体积大小确定，当中庭体积小于 17 000 m³ 时，其排烟量按体积的 6 次 /h 换气量计算；中庭体积大于 17 000 m³ 时，其排烟量按体积的 4 次 /h 换气量计算，但最小排烟量不应小于 102 000 m³/h。

③汽车库的排烟量按不小于 6 次 /h 换气量计算。

2.排烟风道

竖直穿越各层的竖风道应用耐火材料制成，并宜设在管道井内或采用混凝土风道。排烟管道在穿越排烟机房楼板，或其防火墙及垂直排烟管道与每层水平排烟支管交接处的水平管段上，均应设置温度达到 280 ℃即关闭的排烟防火阀，其应符合下列要求：

①该阀门应采用不小于 1.5 mm 厚的钢板制作。

②该阀门必须固定在墙壁上或楼板上。

③在便于检查阀门的部位应设置检查口，且能看清阀门叶片的开闭和动作状态。

④防火墙与该阀门之间的风道，应做 10 mm 以上的耐火保护壳或采用厚度 1.5 mm 以上的钢板制作，采用受热时不易变形的结构。

三、高层建筑中需要加压防烟的部位

加压防烟是一种有效的防烟措施，但它的造价较高，一般只在一些重要建筑和重要的部位才用这种加压防烟措施，目前主要用于高层建筑的垂直疏散通道和避难层（间）。在高层建筑中一旦发生火灾，电源都被切断，除消防电梯外，其他电梯全部停运，因此，垂直通道主要指防烟楼梯间和消防电梯，还有与之相连的前室和合用前室。所谓的前室是指与防烟楼梯间或消防电梯入口相连的小室，而合用前室是指既是防烟楼梯间又是消防电梯间的前室。上述这些通道只要不具备自然排烟条件，或即使具备自然排烟条件但它们在建筑高度过高或重要的建筑中，都必须采用机械加压送风防烟。

四、机械防排烟系统的控制

（一）防烟系统的运行与控制

机械加压送风防烟系统主要由送风机、风道、送风阀、送风口、新风入口及控制系统组成。

在机械加压送风防烟系统中设置送风阀，主要是防止火灾烟气进入送风系统，送风阀一般采用超过 70 ℃即自动关闭的防火阀。如果送风温度达到 70 ℃及以上时，送风阀关闭，表明新风入口已受到火灾烟气的危害，应停止送风。

1. 防烟系统设备的联动方式

防烟系统设备的联动方式有多种，采取哪种方式，主要是由其控制设施来决定的。

①直接联动控制。当某建筑不设消防控制室时，其防烟系统的运行控制主要是把火灾报警信号连到送风机控制柜，由控制柜直接启动送风机。

②消防控制中心联动控制。当某建筑设有消防控制室时，火灾报警信号通过总线连到消防控制室，由消防控制中心的主机发出相应的指令程序，并通过控制模块启动送风口、送风机。

2. 防烟系统的控制程序

防烟系统的控制通常采用手动、自动、手动和自动相结合的方式。火灾发生时，由于各种消防设施是否联动及联动方式不同，还有是有人发现火灾还是由火灾监控设施探测到火灾，这些因素的组合方式不同从而使防烟系统的运行方式不同。

（1）不设消防控制室

①当火灾现场有人发现火灾发生，可手动开启常闭送风口，送风口打开，送风机与送风口联动，送风机开启，即可向防烟楼梯间、前室或合用前室等部位进行加压送风。此时也可直接在控制柜上开启送风口和送风机，使其直接运行。如果送风口常开，送风口与送风机无法实现联动运行，只能在控制柜上直接开启送风机。

②如果火灾由火灾探测器发现，火灾探测器启动常闭送风口，与手动开启常闭送风口的控制流程是一致的。送风口打开，送风机与送风口联动，送风机开启，即可向防烟楼梯间、前室或合用前室等部位进行加压送风。此时也可直接在控制柜上开启送风口和送风机，使其直接运行。如果送风口常开，送风口与送风机无法实现联动运行，只能由火灾探测器直接开启送风机。

（2）设消防控制室

①当出现火灾，现场有人发现，送风口可以手动的方式打开，送风口开启后向消防控制室反馈一个开启信号，消防控制室被信号激发，指令程序被发出，送风机开启，整个过程即为送风口联动控制送风机。当消防控制室的工作人员接到电话报警或通过监控系统发现火情，可在消防控制室直接开启送风机，或开启送风口，使其联动控制送风机运行。

②当出现火灾，由火灾探测器发现，消防控制室接收到火灾探测器的反馈信号，由消防控制室通过联动控制程序启动常闭送风口、送风机，向防烟楼梯间、前室或合用前室等部位进行加压送风。如果送风口常开，送风口与送风机无法实现联动运行，只能通过消防控制室远方控制打开。

火灾发生时，如果建筑内的空调系统正在运行，消防控制室在发出指令程序开启排烟机和送风机的同时，消防控制室也应发出指令程序，停止空调系统的运行。在送风机的运行过程中，如果火灾烟气危害到新风入口，使送风温度达到 70 ℃时，送风阀应立即关闭，送风机停止运行，停止送风。

3. 防烟系统运行调节方式的确定

一个性能良好的机械防烟系统在设计条件下运行时，应该满足设计参数的要求，即关门正压间应保持一定的正压值，开门门洞处的气流应维持高于最低流速值的速度。当系统在非设计条件下运行时，如施工质量较差、开门工况变化等，也应能保证关门正压间不超压不卸压，维持开门门洞处的风速不低于最低流速。这就意味着正压系统必须有良好的应变能力，这除了在计算系统的加压送风量时充分考虑各种不利的因素、风量储备系数等外，还有一个系统的运行调节方式问题。此处着重指出，前室加压时，通常只加压火灾层及其上下邻层的前室，如果着火层前室设有独立的加压系统，每层前室内要设一出风口，出风口为常闭。当火灾发生时，火灾信号传至消防中心，消防中心立即指令加压风机启动，并同时指令火灾层及其上下邻层前室出风口打开，对前室进行加压。另外，其正压值应与楼梯间正压值保持一定压差，并在各前室设置泄压装置，当出现超压时，可自动泄压。在楼梯间通往前室和前室通往走廊的隔墙上分别设泄压阀，以保证各处之间的压差梯度，从而简化压力控制方法。

（二）排烟系统的运行与控制

机械排烟系统主要由排烟机、排烟管道、排烟防火阀、排烟口及控制系统组成。

1. 排烟系统设备的联动方式

排烟系统设备的联动方式有多种，采取哪种方式，主要由其控制设施来决定。

①直接联动控制。当某建筑不设消防控制室时，其排烟系统的运行控制主要是把火灾报警信号送到排烟机控制柜，由控制柜直接启动排烟机。

②消防控制中心联动控制。当某建筑设有消防控制室时，火灾报警信号通过总线连到消防控制室，由消防控制中心的主机发出相应的指令程序，通过控制模块启动排烟口、排烟机。

2. 排烟系统的控制程序

（1）不设消防控制室

①当火灾现场有人发现火灾发生，可手动开启常闭排烟口，排烟口打开，排烟口与活动挡烟垂壁、排烟机、空调机等联动，活动挡烟垂壁下降，形成防烟分区，同时空调系统停止运行，排烟机开启，即可对房间、走廊、中庭等部位进行排烟。此时也可直接在控制柜上开启排烟口和排烟机，使其直接运行。如果排烟口常开，排烟口与排烟机无法实现联动运行，只能在控制柜上直接开启排烟机，关闭空调系统。

②如果火灾由感烟探测器发现，感烟探测器启动常闭排烟口，排烟口打开，排烟口与活动挡烟垂壁、排烟机、空调机联动，活动挡烟垂壁下降，形成防烟分区，同时空调系统停止运行，排烟机开启，即可对排烟部位进行排烟。此时，也可在控制柜上直接开启排烟口和排烟机，使其直接运行，关闭空调系统。如果排烟口常开，排烟口与排烟机无法实现

联动运行，只能由感烟探测器直接开启排烟机，同时启动活动挡烟垂壁动作，排烟机联动控制空调系统，使其停止运行。

（2）设消防控制室

①当出现火灾，现场有人发现，排烟口可以手动的方式打开，排烟口开启后向消防控制室反馈一个开启信号，消防控制室被信号激发，指令程序被发出，空调系统关闭，排烟机开启，整个过程即为排烟口联动控制排烟机。当消防控制室工作人员接到电话报警或通过监控系统发现火情，可在消防控制室直接开启排烟机，或开启排烟口，联动控制排烟机运行。

②当出现火灾，由火灾探测器发现，消防控制室接收到火灾探测器的反馈信号，消防控制室启动联动控制程序，常闭的排烟口、排烟机被开启，对排烟部位进行排烟，同时空调系统被关闭。当排烟口常开时，消防控制室收到火灾探测器的反馈信号后，可直接启动排烟机。

不管是排烟口、排烟机、活动挡烟垂壁的启动，还是空调系统停止工作，以及排烟防火阀的启闭，消防控制室都会接收到其动作信号反馈。当火灾烟气温度达到 280 ℃时，排烟防火阀关闭，此时应停止联动对应的排烟风机，排烟系统关闭。

（三）运行与控制注意事项

1. 防烟系统运行与控制注意事项

①防烟系统应采用消防电源，而且应采用双回路供电，以保证其在火灾时能正常运行。

②要尽量保证送风口处于当地常年主导风向的上风向。

③进风口要远离排烟口，以免遭到烟气的侵害。

④检修人员要根据相关规范的要求，对防烟系统的各零部件及控制设施定期进行检查、维护、更新。

⑤保证其控制设施处于自动控制状态，特别是与火灾探测器的联动控制。

⑥在火灾情况下运行时，要采取一定的措施，防止烟气进入送风系统，以防进风口受到烟火危害。

2. 排烟系统运行与控制注意事项

①排烟系统应采用消防电源，而且应采用双回路供电，以保证其在火灾时正常运行。

②排烟口要尽量远离机械防烟系统的进风口。

③排烟口、排烟管道要与可燃物保持一定的距离，以防火势蔓延扩大。

④要根据相关规范的要求，对排烟系统的各零部件及控制设施定期进行检查、维护、更新。

⑤保证其控制设施处于自动控制状态，特别是与火灾探测器的联动控制。

⑥保证排烟口、排烟防火阀、排烟机与活动挡烟垂壁及防火卷帘等挡烟设施之间动作的协调配合。

第四章 暖通空调系统与设备控制节能技术

暖通空调节能技术是指在保证终端用户室内温度、湿度、清洁度和空气流动速度等参数达到标准的前提下，为了最大限度地提高整个系统的能源利用效率所采用的技术手段或技术措施。

第一节 供暖系统与热源设备的控制节能

随着我国城镇建设的飞速发展，节能减排意识的增强，通信与计算机集成技术的发展，以往采用的分散供热的方式已被联网集中供热取代。集中供暖系统是一个十分复杂的多变量控制系统，供暖面积大，影响因素多，内部关联性强，滞后时间长，非线性严重。因此，如何及时了解各换热站的工作状况及有关信息，并根据这些信息和室外温度对各换热站进行及时调节，使整个集中供暖系统处于一个良好的、高效的运行状态，从而获得良好的经济效益和社会效益，成为供暖控制系统必须解决的问题。

集中供暖是将热源所产生的蒸汽或热水，通过管网向用户供应生产和生活用热的供暖方式，又称区域供暖，它是有效利用能源、防治大气污染的重要途径。发展集中供暖既可以大大减少采暖锅炉的数量，又有利于加强锅炉排污控制；既可以节约能源，又有利于综合防治燃煤污染和方便生活。

集中供暖系统包括热源、热网和热用户三部分。热源主要是热电站和区域锅炉房（工业区域锅炉房一般采用蒸汽锅炉，民用区域锅炉房一般采用热水锅炉），以煤、重油或天然气为燃料，工业余热和地热也可做热源。热网分为热水管网和蒸汽管网，由输热干线、配热干线和支线组成，其布局主要根据城市热负荷分布情况、街区状况、发展规划及地形地质等条件确定，一般布置成枝状，敷设在地下，主要用于工业和民用建筑的采暖、通风、空调和热水供应。

我国集中供暖发展到今天，经历了从无到有、从小到大、从弱到强的历程。不同于国外的控制模式，国内的控制模式分热源和热网两部分：对于热源，控制总供水温度和总循环流量，保证按需供热并合理分配总供热量至各热力站，使供热效果达到一致，但它不涉及具体的供热指标。而热网总需热量是通过对热负荷的动态预测，并对热源部分直接调节而实现的。对于热网，各热力站之间的热量分配是通过各站自己独立的控制单元实现的，即通过室外温度来确定二次侧供回水温度值，通过改变一次侧流量来保证二次侧供回水平均温度为设定值。在热源供热充足的情况下，每个热力站都可通过自身的自动调节满足热负荷的要求变化；热源供热不足时，各站的自力式差压流量限制阀就会起到限制各站最大流量的作用，从而限制各站的用热量，实现均匀分摊热量不足的作用。

节能控制正是以节能为目标的控制行为。把自动控制技术与节能控制原则相结合，运用新型的计算机控制策略是实现节能控制目标积极而有效的方法之一。由于在建筑能耗中供暖系统的消耗占据了绝大部分，而且传统的控制方式中存在着很大的能源浪费，所以对供暖系统进行节能控制是实现建筑节能的有效途径，同时也具有实现的可能性和实用性。采取先进的控制方法是提高控制效率和控制精度的主要手段之一。下面，分别从集中供暖系统、热源的节能控制功能和实现方法两个方面介绍建筑供暖的节能控制策略。

一、集中供暖系统的节能控制策略

（一）集中供暖系统的节能控制功能描述

目前的供暖系统一般都存在以下几个方面的问题：系统水力工况、热力工况失调现象难以消除，造成用户冷热不均；供暖参数没能在最佳参数下运行，供热量与需热量不匹配；故障发生时，不能及时地诊断报警，影响供暖系统的可靠运行；各换热站数据不全，难以实现量化管理。

热网监控系统的使用正好可以解决上述问题。概括起来，热网监控系统具有以下几个功能：及时检测热网运行参数，了解系统运行工况；合理调节流量，消除冷热不均；合理匹配工况，保证按需供暖；及时诊断系统故障，确保安全运行；健全运行档案，实现量化管理。因此，在集中供暖系统中使用热网监控系统具有重大的工程意义。

热网监控系统的主要组成部分就是现场控制器，它具有以下功能：

1. 参数测量

主要完成管网现场过程的模拟量（如温度、压力、热量等）、状态量（如泵的状态等）及脉冲量的测量，并完成相应物理量的上下限比较等功能。

2. 数据存储

现场控制器能按一定的时间间隔采集被测参数。一般情况下这些参数通过通信线路定期传输到监控中心的服务器中。为防止监控中心的故障或停电，现场控制器拥有一定的数据存储能力，能存储一个供暖期的数据，以便监控中心恢复正常后将故障期间数据上传给监控中心，从而保证数据不丢失。

3.通信功能

现场控制器能在主动或被动方式下与监控中心通过通信线路进行数据通信。系统与现场控制机支持有线或无线通信线路。例如，电话拨号、ADSL宽带、GPRS等通信方式。

4.自诊断自恢复功能

现场控制器上电后可自动对关键部位进行自检。在运行过程中，当受到干扰，程序出现异常后，可自行恢复到异常前的状态，继续运行，不会出现死机现象。

根据热力站分布位置不同的特点，在研究集中供暖系统时将系统主要分为热力站和中心管控站两部分。二者的节能控制功能如下：

（1）热力站的功能

热力站具有采集数据、发送数据、接收数据的功能，能够响应中心管控站的命令，其数据采集模块须对系统所需的参数进行采集和存储，并将各数据通过通信技术准确传送到中心站，当有命令返回时，能根据命令对热力站的各项设备进行控制和调整。因此，在上述功能的基础上，热力站还要有对设备的控制功能。

（2）中心管控站的功能

中心管控站应能对供暖站的运行参数进行遥测，对换热站系数数据进行分析，从而对换热站进行控制，发出准确的命令。系统设计的容量较大，中心站应该具备数据存储的功能，能对各分站的实时数据进行分析，从而判断其是否运行正常。另外，中心站应具有管理的功能，了解各分站设备的类型、使用情况、数量。中心管控站主要有三个方向的研究：数据库，需要存储实时数据信息以及系统的报警信息，用以分析数据，来判断系统运行是否正常；中心站与热力站的通信，实现遥测、遥控功能；数据显示，包括实时数据及历史数据的显示、查询统计报表等。

（二）集中供暖系统的节能控制功能实现方法

1.集中供暖网络控制实现方法

集中供暖网络控制方案是通过具体的控制方法来实现的。目前，国内外的热网控制方案，主要是通过智能控制方法和解耦控制方法来实现的。

（1）智能控制的控制方法

在集中供暖网络系统中，由于集中供暖系统的整个供暖过程大多是强耦合的多输入多输出（MIMO）非线性系统，随着系统运行工况的变化其动态特性也会随之大幅度变化，而且各环节的动态特性差异很大，许多环节还具有时滞、非线性及不确定性等特点，难以建立有效的过程数学模型和用常规的控制理论去进行定量计算分析，而必须采用定量方法与定性方法相结合的控制方式，所以，选择不须建立数学模型，同时又能随着热网工况的改变而模拟人类学习和自适应能力的智能控制。智能控制是以控制理论、计算机科学、人工智能与运筹学为基础，同时进行了扩展，在未知热网下，仿效人的学习和自适应能力，实现对受控系统进行控制。模糊技术、神经网络、遗传算法等理论和自适应控制、自组织控制、自学习控制等技术应用较多。基于智能控制的特性，针对集中供热系统中热网分布不均匀、随机性强等特点，在进一步提高供热效益的前提下，人们提出了专家控制系统设计方案。随后，针对供暖系统中的大时滞现象，提出了一种新的模糊控制器方法，这种模糊控制器通过在线辨识广义时滞，将时滞辨识的结果模糊化，决策出模糊规则组，填充主模糊规则表，达到自适应的目的，作为应用，给出基于集中供暖网温度控制的模糊控制器的设计，以解决控制对象中由大时滞和时变引起的不易控制和参数调整的困难问题。各种智能控制方法由于各自拥有不同的特点，在应用领域中受到限制，因此，人们将多种智能控制方法进行有机的结合，以综合其优点、互补不足，构造出接近于人类大脑高级智能活动的计算智能的新科学，并得到了迅速的发展，在具体的应用中体现了强大的生命力。随着自动化技术的研究发展，集成智能系统的思想逐步引入热力系统的控制中，其中应用较为广泛的是一种将传统常规控制和智能控制并存的混合智能控制系统，自适应混合智能控制的另一种就是将模糊技术、神经网络和遗传算法三种主要的智能控制方法相结合，互相交叉，将三者协调地使用于同一个系统中，三者结合组成了一种新型的智能控制系统。总之，集成智能系统结构统一简洁，系统便于维护，符合模块化的设计思想，易于实现系统集成，具有良好的通用性和扩展性，并且可以在实现复杂功能的同时，提高系统的可靠性与实时性。在此基础上，对综合智能系统在热力系统中应用的研究开始逐渐深入，并归纳出多种集成智能系统构架方式，并给出了相应的应用实例。综上所述，将综合智能控制策略与传统控制方法有机结合，应用到热力系统的控制中，可以解决传统常规控制难以奏效的一些控制难题，在热工领域中有着广泛的应用前景。

（2）解耦控制的控制方法

集中供暖网络为闭式水力网络，其中任意一个子站的支路流量变化或是阀门开合度的调整必然会引起全网的压力分布变化，从而对其他子站的压力流量产生影响，进而影响各支路的温度。这种耦合问题的解决，首先应设法衡量系统耦合的程度，即通过热网管网中各支路之间的增益矩阵来判断用户间的水力耦合程度和耦合性质，从而确定被控参数与控制装置的合理配对，指导设计控制系统。供暖系统的水力工况耦合程度和耦合性质可用稳态相对增益矩阵来描述，所谓的增益矩阵，就是在互相耦合的所有控制回路中，选择任一回路、通过一定的方法确定各种输入和输出变量配对的耦合程度和耦合性质，然后根据输入和输出量之间的相对增益组成相对增益矩阵，用此相对增益矩阵可以方便地确定系统的耦合特性；根据此耦合特性，进一步选择合适的控制方法，若各回路之间虽然有耦合，但在单回路调节下都能稳定，那么选择单回路调节算法即可，但是由于供暖网络的复杂性，在确定各回路的耦合性质之后，大多数回路还不能用简单的控制方法完成控制，所以还需要对系统进行解耦控制，进而实现合理有效的控制，因为实际的工业过程大多数都包含了较多的过程变量，而且各个过程变量间存在着不同程度的耦合，即任何一个变量的变化，都可能引起其他变量发生变化，这就使解耦控制越来越得到研究人员的重视。

2. 热力站基本参数控制的实现

热力站的现场控制设备能够灵活地完成室外温度补偿、自动补水、温度调节、流量调节等自动控制环节。

（1）温度控制

二次网供水温度控制有直接设定控制、室外温度补偿控制等多种控制模式。直接设定控制指在现场控制设备操作界面上，运行人员根据经验直接设定合适的二次网供水温度，然后控制设备通过调节一次网的电动阀，保证二次网供水温度达到设定值。室外温度补偿控制则根据室外温度的变化，随时调整二次网供水温度，它既可以通过对照查表，也可以通过设定曲线的方式实现。

（2）压力（流量）控制

根据二次网的供水压力或供回水压差来控制二次网循环水泵的运行台数或频率，取压点的位置可以在二次网的供回水管上，有条件的场合可以将测压点放在系统最不利用户的供回水干管上。该控制模式也可以称为变流量运行控制。

逻辑控制程序：一次网电动调节阀在系统发生故障和断电时都应自动关闭；来电时启动顺序为：控制器上电→补水泵（如果需要）→二次网循环水泵→一次网电动调节阀缓慢开启；当系统发生故障时的顺序为：一次网电动调节阀关闭→二次网循环水泵关闭→补水泵关闭；远程关闭阀门：直接关闭即可；远程开关二次网循环水泵：关泵先关一次网电动调节阀，开泵后开启一次网电动调节阀。以任何方式，只要二次网停止水流，一次网电动调节阀都会自动关闭。对一次网高温水系统或蒸汽系统，当系统停电时，一次网的电动调节阀应关闭，二次网回水管上应设置安全阀，防止超压汽化，安全阀的超压压力设定应考虑系统散热器的承压能力。

（3）补水控制

自动补水主要可以分为膨胀水箱定压补水、变频定压补水、旁通定压补水三种方式。

二、热源设备的控制策略

集中供暖热源设备控制的主要原则是在保证建筑内部环境舒适的前提下，控制热源系统的最佳启动、关闭和运行时间，实现对热源系统能耗的最佳配置，达到节约能源的目的。

（一）热源设备的控制功能描述

区域锅炉房的控制以监测为主，其控制功能包括：

第一，整体控制可提供对锅炉运行工况的监测、控制和诊断，可按每天预先编制的程序时间启停锅炉，可给出单个锅炉机组或整个系统即时和以往累积运行报告。

第二，机组启动后通过彩色图形显示，显示不同的状态和报警，显示每个参数的值，通过鼠标可修改设定值，以达到最佳的状态。

第三，机组的每一点都有列表汇报、趋势显示图、报警显示。

第四，设备发生故障时，自动切换。

第五，检测锅炉运行参数，当故障发生时立即停止锅炉机组及相关设备。

第六，程序控制锅炉系统，目的是达到最低的能耗、最低的主机折旧以保障设备安全。

第七，根据程序或建筑的使用情况自动启停锅炉系统。

第八，根据要求自动切换机组的运行备用关系，累积每台机组的运行时间，使每台机组的运行时间基本相等，目的是延长机组使用寿命。

第九，检测旁通管路水流开关状态，确定水流方向。

第十，检测旁通管路水流量。

第十一，根据盈亏流量，确定锅炉运行台数。

第十二，根据油箱油位信号控制油泵启停，并监视其工作状态，实现故障切换。

第十三，根据油箱油位极低信号停锅炉并报警。

第十四，根据油箱油位极高信号停油泵并报警。

第十五，软件根据运行时间设定油泵工作备用关系，保证运行时间基本相等。

（二）热源设备的控制功能实现方法

1. 锅炉的节能控制方式

（1）回水温度法

锅炉输出的热水（蒸汽）温度是一定的，热水经过终端负载进行能量交换后，水温下降，回水温度的高低，基本上反映了系统的热负荷，回水温度高，说明系统热负荷小；回水温度低，说明系统热负荷大，因此可以用回水温度来调节锅炉机组的启停和热水泵运行台数，达到节能的目的。

（2）热负荷控制法

根据分水器、集水器的供、回水温度及回水干管的流量测量值，实时计算房间所需的热负荷，按照实际热负荷自动调节锅炉的启停及热水给水泵的台数。

2. 供暖锅炉运行控制策略

（1）室外温度 T_0 修整

锅炉本体热容量大、热惯性大。而作为热量的载体——水的流速却有一定的限制，水流速不能过高，因此热量运输上也存在较大的滞后。产热与送热两者的惯性加在一起就构成了锅炉供暖系统总的热惯性。而自控系统的主要原则是按需供暖，就是由室外温度直接控制一次及二次实际供水的温度。通过实践表明，在冬季供暖时，早晨和晚间室外温度变化最剧烈。由于锅炉供暖系统存在着较大的热惯性，就出现了以快控慢的状况，就会出现一、二次供水实际温度与室外温度 T_0 控制下的理论一、二次供水温度出现较大的偏差。为此，在傍晚及凌晨时间段应对自控系统采取修正设置，用修正后的室外温度 T_0' 指导当时的供暖生产，使锅炉提前升温或降温，从而减弱滞后，保证一、二次实际供水温度能与室外温度 T_0 控制下的理论一、二次供水温度基本相符。

（2）气候补偿系统

建筑物的耗热量因受室外气温、太阳辐射、空气湿度、风向和风速等因素的影响，时刻都在变化。要保证在上述因素变化的条件下，维持室内温度恒定（如 18 ℃ ±2 ℃）或满足用户要求，供暖系统的供回水温度就应在整个供暖期间根据室外气象条件的变化进行调节，以使锅炉供热量、散热设备的放热量和建筑物的需热量相一致，防止用户室内发生室温过低或过高的现象。通过及时而有效的运行调节可以做到在保证供暖质量的前提下，达到最大限度的节能。室外温度的变化决定了建筑物需热量的大小也就决定了能耗的高低，运行参数必须随室外温度的变化每时每刻进行调整，始终保证锅炉房的供热量与建筑物的需热量相一致，只有这样才能实现最大限度的节能。每个锅炉房都应该按自己的运行曲线去运行，这条曲线才是该锅炉房的最佳运行曲线。气候补偿系统即是给锅炉房提供最佳运行曲线的系统。通过加装气候补偿装置可使系统节能 5% 以上。

（3）平稳策略

锅炉供暖系统热滞后较大、蓄热能力强、升降温速度比较慢，为保证整个系统在整个控制系统时间内能平滑进行，自控系统还对采集到的数据信号采用递推平均滤波和中位置法滤波，消除低频干扰，从而能有效地避免流量、压力等脉动信号的频繁振动引起的控制算式输出紊乱、执行器频繁动作，防止了大的随机干扰引起的输入信号大幅度跳动及脉动干扰引起的控制系统误操作。

（4）人工智能

锅炉供暖系统比较复杂，影响因素比较多，各因素之间相互影响、相互制约。而且锅炉系统热容量大、惰性强、安全性能要求高。因而就目前而言，锅炉控制完全依赖于自动化控制难度非常大，也是不现实的，为此，在自控的基础上加了人工智能部分。在自动控制状态下，利用人工智能解决自控系统不能很好地判断和处理的问题。用人工的知识经验与自控系统相互配合共同搞好锅炉控制。例如，煤在锅炉中的燃烧在自控系统中占有非常重要的地位。不同的煤种、不同发热量的煤、不同挥发成分含量的煤、不同颗粒大小的煤可直接导致不同的锅炉燃烧状况。煤样经过人工分析后，操作人员就可以在自动控制燃烧的状况下，通过微机人工适当地调整炉排和鼓引风机转速，而且还可以随着锅炉内的负压值和含氧量的不断变化，必要时修正鼓引风机转速。

（5）送、引风机控制系统

锅炉的风机包括送风机和引风机两种。传统的风机控制方式是风机采用工频恒速运行，通过直接节流来控制入口或出口流量。同样，这种控制方式也存在缩短电动机寿命、浪费能源、污染环境和加大相应控制系统（燃烧控制系统和炉膛负压控制系统）的不稳定因素等缺点，影响控制质量。可以采用变频调速器与控制阀并存的控制方式，这样做主要是为了提高整个系统的可靠性。

第二节 空调系统与设备的控制节能

一、变风量空调系统的节能控制

变风量空调系统是一种通过改变送风量来调节室内温湿度的空调系统。变风量空调系统由空气处理机组、新风 / 排风 / 送风 / 回风管道、变风量空调箱、房间温控器等组成，其中，变风量空调箱是该系统的最重要组成部分。

（一）变风量空调系统（VAV）的优势

变风量空调系统区别于其他空调形式的优势主要在以下几个方面：

1. 节能

由于空调系统在全年大部分时间里是在部分负荷下运行，而变风量空调系统是通过改变送风量来调节室温的，因此可以大幅度减少送风风机的动力能耗。

2. 新风做冷源

因为变风量空调系统是全空气系统，在过渡季节可大量采用新风作为天然冷源，相对于风机盘管系统，能大幅度减少制冷机的能耗，也可改善室内空气质量。

3. 无冷凝水烦恼

变风量空调系统是全空气系统，冷水管路不经过吊顶空间，避免了风机盘管系统中令人烦恼的冷凝水滴漏和污染吊顶问题。

4. 系统灵活性好

建筑工程中常须进行二次装修，若采用带 VAV 空调箱装置的变风量空调系统，送风管与风口以软管连接，送风口位置可以根据房间分隔的变化而灵活改变，也可根据需要适当增加风口。而采用定风量系统或风机盘管系统时，任何小的局部改变都较为困难。

5. 系统噪声低

风机盘管系统存在现场噪声，而变风量空调系统噪声主要集中在机房，用户端噪声较小。

6. 不会发生过冷或过热

带 VAV 空调箱的变风量空调系统与一般定风量系统相比，能更有效地调节局部区域的温度，实现温度的独立控制，避免在局部区域产生过冷或过热现象。

7. 提高楼宇智能化程度

采用数字直接控制器进行控制的变风量空调系统，可以实现计算机联网运行，接入楼宇自控系统中，从而提高楼宇智能化程度。

8. 减少综合性初投资

变风量空调系统由于增加了系统静压控制以及 VAV 空调箱等环节，自动控制方面的投资会有所提高。但由于变风量空调系统可以使系统的设计总送风量减少，因此可以减小空调系统的设备容量，系统综合性初投资不一定会增加，甚至可以降低。

9. 使用寿命长

变风量空调系统结构简单，维修工作量小，使用寿命长。

（二）变风量空调系统自动控制原理

变风量控制器和房间温控器一起构成室内串级控制，采用室内温度为被控制量，空气流量为控制量。

变风量控制器按房间温度传感器检测到的实际温度与设定温度比较的差值，输出所需风量的调整信号，调节变风量末端的风阀，改变送风量，使室内温度保持在设定范围。

同时，风道压力传感器检测风道内的压力变化，采用相应的控制算法进行调节，通过变频器控制变风量空调机中送风机的转速，消除压力波动的影响，维持送风量。

（三）变风量空调系统常用控制方式

1. 定静压控制

该方式是在保证系统风道内某一点（或几点平均）静压一定的前提下，室内所需风量由变风量箱的风阀进行调节；系统送风量是由风道内静压与该点所设定值的差值控制变频器工作、调节风机转速来确定的。同时，可以改变送风温度来满足室内舒适性要求。

2. 变静压控制

该方式是保证变风量箱的风阀尽可能地处于全开位置（85% ～ 100%），系统送风量由风道内所需静压来控制变频器工作，调节风机转速进行确定。同时，可以改变送风温度来满足室内舒适性要求。

3. 总风量控制

该方式是通过改变送风量调节室内温度，并使送风量与回风量的差值保持恒定，以满足建筑物排风的需求。

（四）变风量系统的基本构成

（1）室内变风量温控器。

（2）变风量箱——带有控制器、传感器、风阀、箱体及其他辅助设施。

（3）风道静压测量装置。

（4）变风量空调机（带有变频器）。

（五）变风量空调系统发展趋势

国内高档写字楼的发展趋势也将是变风量空调系统，因为变风量空调系统在技术、经济、灵活性、维护等几个方面都具有无可比拟的优越性。

（六）变风量空调系统的串级控制

1. 串级控制概述

串级控制是过程控制领域中一种较为常见的控制方法，它是在定值控制中，由主、副两个控制对象，主、副两个控制器，主、副两个反馈控制环路，主、副两个控制变量，分别按照内环从控制环路、外环主控制环路的形式构建的控制系统，主、副两个控制器是串接工作的，所以叫串级控制系统。

串级控制系统的给定值与主变量反馈信号比较后输入主控制器（或主调节器）。主副控制器在串级控制系统中一般也是常见的 PID 型控制器，经过主控制器的 PID 控制输出给副回路，作为内控制环（副回路）的给定，副回路同样有副控制变量反馈，与主控制器输出进行比较后输入给副控制器，经过副控制器的 PID 运算控制后给出控制信号到执行器，执行器的执行控制作用于副对象，副控制变量发生变化产生相应的对主控制对象的控制作用，使得主控制变量（即整个定值系统的被控变量）保持恒定。

串级控制的副回路作用通道短、时间常数小，可以获得比单回路控制系统超前的控制作用，所以副回路响应较快，能够针对进入副回路的干扰较为迅速地形成抑制作用，改变副控制的输出，进而作用到主控制对象，使得被控变量保持恒定。基于同样原因，干扰进入主回路或同时进入主副回路时，都可以较好地保持被控变量的稳定。

主副回路变量要求有一定的内在关联，或者有关联的中间变量作副变量，或者是直接就选定为主回路操作变量，这都是为了使得副变量在较大程度上能够影响主变量的变化；同时，系统的主要干扰要包括在副回路中，并使次要干扰也尽可能包含在内而纯滞后环节尽量不包含在内，这样对主要干扰能够迅速抑制。从某种意义上看，引入了副回路后整个控制系统具有了自适应性，这种主副回路相互配合、相互补充，充分发挥了控制作用，提高了控制系统的鲁棒性，对控制器参数的整定也降低了难度。

2. 串级控制的特点

第一，在系统结构上，它是由两个串接工作的控制器构成的双闭环控制系统。

第二，系统的目的在于通过设置副变量来提高对主变量的控制质量。

第三，由于副回路的存在，对进入副回路的干扰有超前控制的作用，因而减少了干扰对主变量的影响。

第四，系统在负荷改变时有一定的自适应能力。

第五，串级控制系统主要应用于对象的滞后和时间常数很大、干扰作用强且频繁、负荷变化大、对控制质量要求较高的场合。

（七）变风量空调系统的分布式网络控制

变风量空调系统的分布式控制网络常见的有集散控制系统（DCS）和现场总线控制系统。集散控制系统比较典型的有 JOHNSON 公司的 METASYS 系统，现场总线控制系统常见的有 LonWorks 系统。

METASYS 是由 JOHNSON 公司开发的建筑设备自动化管理系统，它利用先进的网络控制技术将建筑物内的变风量空调等设备进行集中监视及管理，是典型的集散控制系统（DCS），其特点是分散控制、集中管理。但这种分散控制只是相对的，并未实现真正意义上的"分散控制"。另外，具有集散控制系统（DCS）特点的 METASYS 系统是封闭系统，也就是说，其网络协议是不对外公开的，这将在很多情况下导致其他公司的产品不能与该系统进行集成，也就是说用户一旦用了 METASYS 系统，在日后的系统升级、产品更换和维护中都要采用其产品，这在一定程度上形成了垄断，导致用户的使用、维护费用较高。

现场总线控制系统由于采用了智能现场设备，能把原先集散控制系统（DCS）中处于控制室的控制模块、各输入和输出模块等置入现场设备，实现了彻底的分散控制。同时，现场总线控制系统具有相关标准的一致性、公开性，可以与世界上任何地方遵守相同标准的其他设备或系统连接。用户也可按自己的需要和要求，把来自不同供应商的产品组成大小随意的各种系统。

对现场总线控制系统来说，只要遵守相同的标准，就可以实现不同生产厂家同类设备的相互替换。这与集散控制系统（DCS）的各个生产厂家的产品不能相互替换相比，具有相当大的优越性。因此，在工程实践中，目前变风量空调系统的升级、改造通常采用现场总线技术中的 LonWorks 系统。

METASYS 属于集散控制系统（DCS），但 LonWorks 系统属于现场总线的范畴，这是两个完全不同的系统。也就是说，在变风量空调系统中，其监控系统有可能存在 METASYS 与 LonWorks 系统共存的局面。然而监控中心却希望能够将两个系统的数据集成在一起以便协调整个空调系统的运行。因此，下面提出一种能够使两者的数据有效地集成在一起的方法，该方法采用 DDE（动态数据交换）技术将这两个系统的数据有机地集成在一起。

1. 变风量空调系统中的 METASYS 系统

在变风量空调控制系统中，各个变风量空调箱由 METASYS 系统组成具有集散控制系统（DCS）特点的网络。METASYS 系统的硬件主要包括：网络控制器、操作站、网络接口、VAV 末端装置等。

网络控制器是高性能的现场控制盘，是 METASYS 网络的心脏。它利用设置于其中的多个接口，与其他网络控制器、现场控制器相连，将用户编写的特定程序与其本身固有的用途特点结合起来，并可以和大楼管理人员进行通信。

METASYS 系统软件的主要功能如下：

第一，密码功能：为变风量空调系统的控制系统提供安全保护，禁止非操作人员对控制系统进行非法操作。

第二，操控点摘要："摘要"储存着系统内指定部分的详细资料。

第三，报警信息：若出现报警状态，则将报警信息自动显示出来。

第四，运行时间累计记录：将个别事件的发生数目或消耗量累加并记录下起来。

第五，趋势动态记录：它将需要的数据收集起来，显示实时趋势动态。

2. 变风量空调控制系统中的 LonWorks 技术

（1）LonWorks 技术概述

LonWorks 技术是现场总线技术中最具典型性的一种。它是由美国 Echelon 公司推出，并与摩托罗拉、东芝公司共同倡导而形成的。它采用 ISO/OSI 模型的全部七层通信协议，采用面向对象的设计方法，通过网络变量把网络通信设计简化为参数设置，其通信速率从 300 bit/s 至 1.5 Mbit/s 不等，直接通信距离可达 2 700 m；支持双绞线、同轴电缆、光纤、射频、红外线、电力线等多种通信介质，并开发了相应的本质安全产品。

LonWorks 技术所采用的 LonTalk 协议被封装在称之为 Neuron 的神经元芯片中。集成芯片中有三个 8 位 CPU，第一个用于完成开放互联模型中第 1 和第 2 层的功能，称为媒体访问控制处理器，实现介质访问的控制与处理；第二个用于完成第 3 至第 6 层的功能，称为网络处理器，进行网络变量的寻址、处理、背景诊断、路径选择、软件计时、网络管理，并负责网络通信控制、收发数据包等；第三个是应用处理器，执行操作系统服务与用户代码。芯片中还具有存储信息缓冲区，以实现 CPU 之间的信息传递，并作为网络缓冲区和应用缓冲区。

Echelon 公司的技术策略是鼓励各 OEM 开发商运用 LonWorks 技术和神经元芯片，开发自己的应用产品，目前已有 1 000 多家公司推出了 LonWorks 产品，并进一步组织起 LonMark 互操作协会，开发 LonWorks 技术与产品。它已被广泛应用在楼宇自动化、家庭自动化、保安系统、办公设备、交通运输、工业过程控制等领域。另外，在开发智能通信接口、智能传感器方面，LonWorks 神经元芯片也具有独特的优势。LonWorks 技术目前已成为我国网络控制技术中的主流。

（2）LonWorks 技术的主要产品

①Neuron芯片。Neuron 芯片是 LON 网络节点的核心部分，它包括一套完整的通信协议，即 LonTalk 协议，从而确保节点间使用可靠的通信标准进行互操作。因为 Neuron 芯片可直接与它所监视的传感器和控制设备连接，所以一个 Neuron 芯片可以传输传感器或控制设备的状态，执行控制算法，与其他 Neuron 芯片进行数据交换等。使用 Neuron 芯片，开发人员可集中精力设计并开发出更好的应用对象而无须花费太多的时间去设计通信协议、通信软件硬件和操作系统，因此，可减少开发的工作量，节省大量的开发时间。

② LonWorks 收发器。LonWorks 收发器在 Neuron 芯片和 LON 网络间提供了一个物理量交换的接口，它适用于各种通信媒介和拓扑结构。LonWorks 支持不同类型的通信媒介，如：双绞线、同轴电缆、电力线、无线射频、光纤等，不同的通信媒介之间用路由器相连。

③ LonWorks 路由器。路由器是一个特殊的节点，由两个 Neuron 芯片组成，用来连接不同通信媒介的 LON 网络，它还能控制网络交通，增加信息通量和提高网络速度。

④电力线通信分析器。电力线通信分析器是一种易于使用的成本—效果分析仪器，用于分析应用设备中电力通信的可靠性。用它测试电力线任意两点间的通信，可以测试电路是否对 Echelon 电力线收发器适用。

⑤ LonWorks 控制模块。LonWorks 控制模块是标准的成品，在模块中有一个 Neuron 芯片、通信收发器、存储器和时钟振荡器，只须加一个电源、传感器 / 执行器和写在 Neuron 芯片中的应用程序就可以构成一个完整的节点。

⑥ LonWorks 网络接口和网间接口。LON 网的网络接口允许 LonWorks 应用程序在非 Neuron 芯片的主机上运行，从而实现任意微控制器、PC、工作站或计算机与 LON 网络的其他节点的通信。此外，网络接口也可以作为与其他控制网络联系的网间接口，把不同的现场总线的网络连在一起。

⑦ LON 网服务工具。LON 网服务工具用于安装、配置、诊断、维护以及监控 LON 网络。LON 节点的寻址、构造、连接的建立可以归纳于安装。这是靠固化在 Neuron 芯片里的网络管理服务的集合来支持的。LonManager 工具可满足系统安装和维护的需要，它使用的波形系数使它既可用于实验室，又可用于现场。

⑧ LonBuilder 和 NodeBuilder 开发工具。LonBuilder 和 NodeBuilder 用于开发基于 Neuron 芯片的应用。NodeBuilder 开发工具可使设计和测试 LON 控制网络中的单独节点变

得简单。它包括 LonWorks Wizard 软件和一套操作 LonWorks 设备的软件模型。

LonBuilder 开发员工具平台集中了一整套开发 LON 控制网络的工具，这些工具包括以下三个方面：

a. 开发多节点、调试应用程序的环境。

b. 安装、构造节点的网络服务工具。

c. 检查网络交通以确定适当容量和调试改正错误的协议分析器。

（3）LonWorks 技术的通信

Neuron 芯片上的三个 CPU 共同执行一个完整的七层网络协议，该协议遵循国际标准化组织（ISO）的开放系统互联（OSI，Open System Interconnection）标准，支持灵活编址，单个网络可存在多种类型的通信媒体构成的多种通道，网上任一节点使用 LonTalk 协议可与同一网上的其他节点互相通信。

LonTalk 寻址体系由三级构成。最高一级是域，只有在同一个域中的节点才能相互通信。第二级是子网，每个域可以有多达 255 个子网。第三级是节点，每个子网可有多达 127 个节点。节点还可以编成组，构成组的节点可以是不同子网中的节点，一个域内可指定 256 个组。

（4）变风量空调控制系统中 LonWorks 技术中的 LonPoint 系统

① LonPoint 系统概述。LonPoint 是一系列产品，用于把新的和传统的传感器、执行器及 LonMark 装置集成为一个经济、可互操作的控制系统以供楼宇和工业应用。

LonPoint 不仅提供了非等级体系结构，还提供了 LNS 网络操作系统的多用户能力、神经元芯片和 LonTalk 协议的分布式操作、自由拓扑的接线灵活性。LonPoint 系统由以 LNS 为基础的 LonMaker for Windows 集成工具、LonPoint Plug-In 软件、LonPoint 应用程序、LonPoint 接口模块、路由器和调度模块构成。

② LonMaker for Windows 集成工具。LonMaker for Windows 集成工具用于设计、安装和维护 LonWorks 控制网络。以 Echelon 公司的 LNS 网络操作系统为基础，LonMaker 工具把客户—服务器体系结构和易于使用的 Visio 用户接口综合起来。LonMaker 工具向 LonMark 装置提供综合性支持。用 LonMaker 工具进行网络设计，既可以在现场做，也可以离开现场做。

LonMaker 工具向用户提供用于设计控制系统的熟悉的环境。Visio 灵巧的图形描绘特点提供了建立装置的简单直观方法。装置的识别可以用 Server Pin、条形码扫描、闪烁（Wink）、手动输入 ID 或自动恢复等方式。对于含有嵌入网络的系统，可使用"自动发现"来查找和调试系统中的装置。

③ LNS DDE 服务器。LNS DDE 服务器是一个软件包，它使任何与 DDE 兼容的 Microsoft Windows 应用程序都能监控 LonWorks 控制网络而无须编程。LNS DDE 服务器典型的应用包括为 HMI 应用程序、数据记录和趋势分析应用程序、图像处理显示提供接口。

LNS 是 LonWorks 网络上开放的标准操作系统。通过连接 LNS 和 Microsoft DDE 规约，与 DDE 兼容的 Windows 应用程序可以与 Lon Works 装置相互作用。

LNS DDE 服务器把 LonWorks 网络连接到楼宇、工厂处理装置，半导体制造和其他工商业应用的控制系统的操作界面。

④ PCLTA-20 PCI LonTalk 适配器。PCLTA-20 PCI LonTalk 适配器是高性能的 LonWorks 接口卡，用于装有 32 位 PCI 接口和兼容操作系统的个人计算机。该卡可使 PC 对 LonWorks 控制网络进行监视、管理或诊断，可用于工业控制、楼宇自动化或过程控制等。

PCLTA-20 适配器不仅为 LNS 工具提供了 LNS 网络接口功能，而且对使用 LonManagerAPI 工具提供了与微处理器接口程序（MIP）相兼容的网络接口功能。

与主机结合的 PCLTA-20 适配器可以和应用程序结合在一起，提供单个 Neuron 芯片所不能提供的处理功率、存储器、输入 / 输出的能力或者网络变量的连接能力。

⑤ AI-10 模拟量输入接口模块。AI-10 模块能进行 0 ~ 24 mA 电流、0 ~ 10 V 电压的 16 位模拟量输入，模块内装一个强大的可配置的应用程序。用户可使用 LonMaker 工具把 AI-10 功能块、其他 LonPoint 模块和第三方的 LonWorks 装置连接起来，建立一个可互操作的分布式控制系统。

⑥ AO-10 模拟量输出接口模块。AO-10 模块能输出 0 ~ 20 mA 电流或 0 ~ 10 V 电压控制信号，该控制信号可以驱动执行器。该模块的电源为 AC 或 DC16 ~ 30 V，可以与执行器使用同一电源供电。模块内装一个强大的可配置的应用程序。用户可使用 LonMaker 工具把 AO-10 功能块、其他 LonPoint 模块和第三方 LonWorks 装置连接起来，建立一个可互操作的分布式控制系统。

二、中央空调水系统的节能控制

（一）中央空调冷冻水系统的节能控制

（1）当需要启动冷冻水泵时，控制器或监控计算机向水泵发送 DO（数字量输出）启动信号，以启动冷冻水泵的运行，并将水泵电动机主电路上交流接触器的辅助触点作为 DI（数字量输入）信号送入控制器或监控计算机，并在监测显示屏幕上进行显示，以便监视冷冻水泵的运行状态；同样，当需要水泵停止运行时，控制器或监控计算机向水泵发送

DO（数字量输出）信号，以停止冷冻水泵的运行，并将水泵电动机主电路上交流接触器的辅助触点作为 DI（数字量输入）信号送入控制器或监控计算机，并在监测显示屏幕上进行显示，以便监视冷冻水泵是否停止运行。

（2）流过蒸发器的冷冻水的水流状态对空调水系统的控制至关重要，因此常常通过水流开关或流量计监测冷冻水的水流状态。一般来讲，水流开关的价格便宜，但其只能产生高、低信号，而无法获知当前流量的具体数值；流量计可以获得具体的流量数值，但流量计的价格相对较高。将水流开关的高、低信号值或流量计的当前流量数值送给相关控制器或传送给监控计算机进行相应显示。当水流开关的信号或流量计的当前流量数值显示流量过小时，此时系统的运行可能出现异常，自动控制系统则会产生报警信号，并自动停止制冷系统的运行，待异常现象排除后，再恢复冷冻水系统的运行。

（3）冷冻水泵在运行过程中，有可能出现过载的情况，当出现冷冻水泵电动机过载时，应及时报警，否则可能造成更为严重的后果。当冷冻水泵的电动机出现过载情况时，将电动机主电路上热继电器的辅助触点信号作为 DI（数字量输入）报警信号，送给控制器或监控计算机，以提醒相关工作人员。相关工作人员应迅速采取有效措施，排除故障后，再使冷冻水泵系统投入正常运行。

（4）为了与制冷系统的运行或系统的负荷相协调，有时需要对冷冻水泵进行变频控制。当冷冻水泵电动机需要进行变频调速以改变冷冻水流量时，通过流量计检测到当前流量值，该值与冷冻水流量的设定值进行比较，设定值与当前流量值的偏差送入控制器，经过控制器相关控制规律的运算后，输出控制信号给变频器，通过变频器控制水泵电动机的转速，水泵电动机的转速变化又可以控制冷冻水流量的变化，从而使流量达到设定值。通过闭环负反馈控制系统可以有效控制冷冻水的流量。

（5）在蒸发器的冷冻水进口和出口设置温度传感器进行温度的检测。

（6）制冷空调系统在运行的过程中，负荷处于不断的变化之中。不同的负荷需要的冷冻水温度设定值不同。为了更好地节能，需要根据负荷变化的情况对冷冻水的温度进行重新设定，以满足不同负荷情况下的需要。例如，夏季室外环境温度较高时，可以适当降低冷冻水温度的设定值；夏季室外环境温度偏低时，可以适当升高冷冻水温度的设定值，这样，可以在满足用户需求的前提下，有效节约能源。

（7）为了保持供、回水管路的压差恒定，需要控制供、回水管路的压差。这就要采用闭环负反馈控制系统。传感器采用压差传感器，该压差值与设定值进行比较后，其偏差送入控制器，经过控制器的相关计算后，输出相应控制信号给旁通管上的电动调节阀，通过调节电动调节阀的开度，实现供水回路与回水回路之间的旁通，以保持供、回水压差恒定。

（二）中央空调冷却水系统的节能控制

（1）当需要启动冷却塔风机时，控制器或监控计算机向冷却塔风机发送 DO（数字量输出）启动信号，以启动冷却塔风机的运行；同样，当需要冷却塔风机停止运行时，控制器或监控计算机向冷却塔风机发送 DO（数字量输出）信号，以停止冷却塔风机的运行。

（2）当需要启动冷却水泵时，控制器或监控计算机向冷却水泵发送 DO（数字量输出）启动信号，以启动冷却水泵的运行；同样，当需要冷却水泵停止运行时，控制器或监控计算机向冷却水泵发送 DO（数字量输出）信号，以停止冷却水泵的运行。将冷却水泵电动机主电路上交流接触器的辅助触点信号作为 DI（数字量输入）信号送入控制器或监控计算机，并在监测显示屏上进行显示，以便监视冷却水泵是运行状态还是停止状态。

（3）将冷却水系统的水流开关的高、低信号值或流量计的当前流量数值送给相关控制器或监控计算机进行相应显示；当水流开关的信号或流量计的当前流量数值显示流量过小时，冷却水系统的运行可能出现了异常，自动控制系统则会产生报警信号，待相关工作人员将异常现象排除后，再恢复系统的运行。

（4）冷却塔风机在运行的过程中，有可能出现过载的情况，当出现冷却塔风机过载时，应及时报警。当冷却塔风机的电动机出现过载情况时，将主电路上热继电器的辅助触点信号作为 DI（数字量输入）报警信号，送给控制器或监控计算机，以提醒相关工作人员尽早排除故障。

另外，有时为了节约能源，需要对冷却塔风机进行变频控制。通过变频器控制冷却塔风机电动机的转速，以控制冷却塔的出水温度。

（5）冷却水泵在运行的过程中，也有可能出现过载的情况，当冷却水泵的电动机出现过载情况时，相关工作人员应迅速采取有效措施排除故障后，再使冷却水泵系统投入正常运行。

有时还需要对冷却水泵进行变频控制。通过流量计检测到当前冷却水流量值，该值与冷却水流量的设定值进行比较，其偏差送入控制器，经过控制器的运算后，输出控制信号给变频器，通过变频器控制冷却水泵电动机的转速，冷却水泵电动机的转速变化又可以控制冷却水流量的变化，以使冷却水流量达到设定值。

（6）当室外大气温度偏低时，有时会出现冷却塔的冷却水出水温度低于冷凝器所需要的最低温度的情况。此时，为了节约冷却塔的能耗，可以让冷凝器出来的一部分冷却水与冷却塔出来的冷却水进行混合，这样可以在满足要求的情况下，使得进入冷凝器的温度刚好合适，同时使得进入冷却塔的冷却水流量降低一些。这样可在满足要求的情况下，尽量节约能耗。

（7）在冷凝器的冷却水进口和出口设置温度传感器进行温度的检测，将温度传感器的信号进行模数转换后，送给控制器或监控计算机，并对冷却水进口和出口的温度进行显示，以使得工作人员及时了解冷却水进口和出口的温度。

冷凝器的入口水温很重要，它从侧面反映了当前冷却塔风机和冷却水泵的工作状况，根据该入口水温，可以调整冷却水泵和冷却塔风机的运行台数或电动机转速。

在冷却水泵流量一定的情况下，当冷凝器入口水温相同时，冷凝器的出口水温反映了当前制冷机冷凝器侧需要带走的热量，该温度值越高，说明冷凝器侧需要带走的热量越大。

（8）冷却水回路的在线匹配调节。冷却水泵在运行过程中并不是孤立的个体，而是和整个管网以及末端形成了一个有机整体，因此，如果能从整个系统层面上掌握冷却水泵运行的状态，就等于抓住了冷却水泵的关键，控制起来就相对容易了。为此，采用冷却水泵在线匹配仪进行调节与控制。水泵在线匹配仪是一台用于空调冷却水泵系统控制的节能产品。

该仪器的主要用途是对冷却水泵运行的整个系统进行监测与控制，使用户能够随时清晰地掌握水泵当前的运行状态及水泵与管网的匹配情况，从而进行调节，使得水泵运行效率达到最高。水泵在线匹配仪的具体功能包括水泵运行参数采集、水泵与管网匹配校核和自动匹配调节等功能。水泵运行参数采集就是将水泵运行的参数及时地反映给用户，让用户能够了解整个系统的运行状态。水泵与管网匹配校核则是仪器能根据水泵的运行点描绘出水泵的运行特性曲线和管网特性曲线，从而校核水泵与管网的匹配情况。

水泵在线匹配仪主要用于空调冷却水泵系统的改造和运行监控，通过调查得知很多冷却水循环系统中，水泵的运行效率在设计之初就无法达到最高，这往往是系统设计时水泵的选型造成的，在设计过程中水泵选型往往要求留有大量的安全余地，这使得水泵的装机容量大大超出了实际需要，且与管网设计不匹配，而在运行过程中这些问题又难以发现，这就造成了能源的大量浪费。水泵在线匹配仪的出现恰好解决了上述问题，通过校核水泵与管网的匹配情况，从而重新确定水泵的设计容量，便于选型，提高水泵的运行效率。

水泵在线匹配仪属于全数字在线控制系统，可提供水泵各运行参数（流量、扬程、功率、效率）的在线实时监测与控制。

水泵在线匹配仪要实现其功能，须加设外部设备。在冷却水循环系统上须加装流量传感器，测量水泵的总流量，水泵两侧加装压力传感器，测量水泵扬程，还应加装功率变送器，测量水泵的输入功率，如遇水泵并联运行的情况，需要将水泵的起停信号引入，这样可以检测到当前运行的水泵台数，便于监测单台水泵运行的情况。通过这几个传感器的检测，将当前数据转化为电流或电压信号传输给可编程序控制器，也就是系统的主控制模块，可编程序控制器再将传感器信号经过模／数转换器转化为数字信号，即可采集到水泵运行的流量、功率、扬程数据。

水泵的匹配校核过程是对水泵和管网系统的特性进行监测，通过调节管路上的阀门开度，可以改变水泵的流量，系统便可以采集水泵在不同流量下的扬程、功率和效率值，根据这些参数与流量之间的关系，便可计算并绘制出水泵的运行特性曲线，这样就可以确定水泵的性能是否和管网相匹配，也可以确定出满足管网和末端负荷需要多大容量的泵，从而帮助用户重新进行水泵选型。

水泵在运行过程中，系统会实时地反映当前的水泵运行参数，包括当前的流量、扬程、功率、效率等，也便于用户及时掌握整个系统此时的运行情况，以便及时做出调节。

三、多联分体空调的节能控制

（一）多联机概述

多联机是一种一次制冷剂空调系统，它以制冷剂为输送介质，室外主机由室外侧换热器、压缩机和其他制冷附件组成，末端装置是由直接蒸发式换热器和风机组成的室内机。一台室外机通过管路能够向若干个室内机输送制冷剂液体。通过控制压缩机的制冷剂循环量和进入室内各换热器的制冷剂流量，可以适时地满足室内冷、热负荷要求，而且各房间可独立调节，能满足不同房间不同空调负荷的需求。但该系统控制复杂，对管材材质、制造工艺、现场焊接等方面要求非常高，且其初投资比较高。目前，多联机系统在中小型建筑和部分公共建筑中得到日益广泛的应用。

多联机空调与传统空调相比，具有显著的优点：运用全新理念，集一拖多技术、智能控制技术、多重健康技术、节能技术和网络控制技术等多种高新技术于一身，满足了消费者对舒适性、方便性等方面的要求。

多联机空调与多台家用空调相比投资较少，安装方便美观，控制灵活方便，实现各室内机的集中管理，并可采用网络控制。既可单独启动一台室内机运行，也可多台室内机同时启动，使得控制更加灵活和节能。

多联机空调占用空间少。仅少数几台室外机可放置于楼顶，其结构紧凑、美观、节省空间。

多联机中央空调的另一个最大的特点是能成为智能网络中央空调，它可以一台室外机带动多台室内机，并且可以通过它的网络终端接口与计算机的网络相连，由计算机实行对空调运行的远程控制，满足了现代信息社会对网络家电的追求。

（二）多联机技术

多联机为了达到节能的目的，通过对制冷工质流量的有效控制实现压缩机和系统的变容量运行。目前，比较成熟的技术有两种：第一类是变频多联机技术，第二类则是数码涡旋多联机技术。

1. 变频多联机技术

变频多联机技术是指单管路一拖多空间热泵系统，室外主机调节输出能力方式有：①室外主机根据室内的空调负荷的变化来调节压缩机的运行台数，使得电动机功率和负荷变化相对应。②通过变频装置改变变频压缩机输入频率来改变压缩机的转速，两者配合，从而实现冷量和能量的调节。另外，室内温度的变化是由电子膨胀阀调节的。由于电子膨胀阀的控制精度比较高，所以能很好地控制室内温度场的波动，房间舒适性较高。

2. 数码涡旋多联机技术

数码涡旋技术有一独特的性能称为"轴向柔性"。这一性能使固定的涡旋盘沿轴向有很少量的移动，确保用最佳力使固定涡旋盘和动涡旋盘始终共同加载。在各操作条件下，将这两个涡旋盘集合在一起的这一最佳力确保了数码涡旋技术的高效率。

数码涡旋操作分两个阶段："负载状态"，此时电磁阀常闭；"卸载状态"，此时电磁阀打开。负载状态中，压缩机像常规涡旋压缩机一样工作，传递全部容量和制冷剂流量。然而卸载状态中，无容量和制冷剂流量通过压缩机。通过压缩机周期性的负载—卸载来实现变容量冷媒控制。

（三）多联分体空调的节能控制功能描述

多联机可以实现智能化多级能量调节，高效节能。由于采用了先进的变频控制技术，系统可实现很多级的能量调节，对其制冷能力自动进行有效调节，并根据室内空间不同情况的负荷需求，进行"按需供给"冷（热）量，从而克服了传统中央空调只能进行全开或者半开的单一调节的缺点，大量减少能量的损耗和浪费。

多联机可以实现智能化自动调节和精确控制。由于多联机系统采用了先进的温度控制技术、冷媒分配技术和智能化控制技术，系统能够根据用户的需求，精确感应室内环境的冷热负荷变化，迅速、准确地做出温度调节，充分体现空调智能化的特点。

多联机是设计灵活的"一拖多"系统，多联机系统的一台室外机可连接多台室内机，并组成独立的系统；同时，多联机也是一种模块组合型机组，多个系统组合在一起就构成了一个整体的系统。所以，系统具有很强的扩展性和灵活性。室外机可以任意搭配各个室内机，达到即插即用的效果，使室内机在组合使用时更方便和灵活。

多联机的控制方式多样、灵活、方便，使每个系统的室内机可以实现独立控制，成组控制和单个、多个系统的集中控制等多种模式的控制；系统还具有多种扩展功能接口，如：结合计算机的应用，可实现楼宇智能化的控制与管理；而运用计算机网络技术，可实现系统的网络远程监控，所以多联机也是一种计算机化、网络化的空调系统。

多联机的室内室外机可灵活布置，并可美化环境，室内机款式多样，外形美观，在保证为用户提供最佳制冷（热）效果的同时，还能满足不同室内装修格局的需要，并对室内环境起到美化和装饰的作用。

多联机系统室内可以实现恒定温度，送风舒适。数字化控制技术的采用，使系统能够对室温进行精确的数字化调节，克服了一般空调系统由于温度波动大而给人体造成不适的缺点，而使送风倍感舒适。

多联机系统的制冷（热）速度快。由于多联机采用了一次冷媒系统，其终端依靠冷媒的相变传热进行热量交换，其能量传递效率远高于传统中央空调的二次冷媒系统。采用冷媒流量的智能化控制技术，使系统能根据用户的负荷需求，快速调节输出量实现快速制冷（热）。

系统运行稳定，可靠性高，维护简便的多联机系统，即使某个室内机出现故障，也不会影响到整个系统的正常工作，而单个系统出现故障，也不会影响到其他系统的正常运行。因此，系统无须备用设备。室外机采用了由变频涡旋压缩机与定速涡旋压缩机二合一的压缩机，有效解决了系统回油和分油不均问题，极大地提高了系统的可靠性。另外，多联机系统无须专人维护，更具有先进的故障自诊断功能，能把故障情况和部位准确地在控制器上显示出来，使维修保养变得更轻松、简便。

（四）多联分体空调的节能控制实现方法

1. 室内机风扇电动机控制

包括直流电动机控制、抽头电动机控制和室外机发出的风量控制。控制上可设定风量为高风、中风、低风、较低风、微风五种。特别要注意的是，对风扇电动机要进行过电流保护和过热保护。

2. 室内机制冷控制

机组运行时，送风机均按照设定风量运行。

制冷运行时，设定温度为遥控器的设定温度。

根据室温控制要求,计算出相应的室外机变频器的输出频率数,并送到室外机,以控制压缩机的运行。

室外机发出冻结防止无效信号后,执行以下控制:正在执行防止冻结控制的室内机中止防止冻结控制;未执行防止冻结控制的室内机将不进入防止冻结控制;收到室外机发出冻结防止无效信号后,室内机关于防止冻结控制的计时器全部复位。

3.室内机除湿控制

除湿运行有室温控制和湿度控制两种。在无湿度传感器时,则根据吸入温度执行室温控制。当有湿度传感器时,根据吸入的湿度执行湿度控制,湿度控制的计算每60s进行一次。

4.室内机制热控制

制热时,根据室温控制要求,计算出相应的室外机变频器的输出频率数,并送到室外机,以控制压缩机的运行。

通常,制热运行时的设定温度为遥控器的设定温度加4 ℃。修正后的设定温度上限值为34 ℃。

制热时,送风机在除霜时以微风运行,但是当室外机发送强制风机停止信号时,风机停止。

排除余热的控制:运行停止时,若吹出温度在50 ℃以上,风机微风运行直至吹出温度在40 ℃以下。

5.室内机摆叶控制

摆叶使用步进电动机控制,用"摆动"键控制,摆叶摆动只在室内风机运行时有效。

摆叶有摆动、停止两种状态:

(1)停止状态下,按"摆动"键,摆叶左右持续往复摆动。

(2)运行状态下,按"摆动"键,摆叶停在当前位置。

制热期间的摆叶自动处于水平位置:在防冷风和制热温控停机时,无论设定摆叶为摆动或停止,此时的摆叶都自动处于水平位置(防止冷风),该控制结束后恢复到原有的控制。

6.室外机压缩机频率控制

通常运行中,根据运行室内机的容量比例来设定变频器频率以满足压缩机运行。

启动时,主要采用前馈控制设定变频器的频率。运行时,通常采用前馈和反馈控制相结合来设定变频器频率。

因保护控制要求变更变频器频率时,保护控制优先。

压缩机保护控制:

（1）电流保护控制：为了避免变频器输入电流过大，需要检测变频器的二次电流值、二次电压值。此值根据接收到的变频基板的变频器输出功率换算得出。

（2）为了防止压缩机内置电动机的线圈温度上升，根据压缩机上部排气温度来决定频率的上下限。

（3）压缩比控制：为了确保压缩机供油量对压缩比下限进行控制以及防止压缩机的旋转涡旋盘脱落而要对压缩比的上限进行控制。

（4）为了防止变频器散热翅片温度过高，通过检测变频器翅片的温度进行控制。

（5）回油控制：对于特定的室内换热器、室外换热器，当制冷系统长时间使用运行时，由于油的偏流，发生滞留现象，会造成冷冻油不足，压缩机可能发生故障，为此实施回油运行控制。

7. 室外膨胀阀控制

室外膨胀阀的保护控制：

防止吸气压力过低而进行室外膨胀阀的保护控制。

电子膨胀阀的开度有可能发生偏移，所以在制冷循环中发生故障之前会修正开度偏移，进行复位控制。

8. 室内电子膨胀阀控制

制冷运行中，用室内机膨胀阀进行排气温度控制。而且，如果存在液旁通阀则计算液旁通阀的变化量，根据计算结果分配到室内膨胀阀上。所以，室内膨胀阀不仅进行室内机的能力控制，而且还进行排气温度控制。

室内电子膨胀阀的保护控制：防止吸气压力过低而进行室内电子膨胀阀的保护控制。

长时间使用特定的室内换热器、室外换热器的循环运行时，由于油的偏流等发生油滞留，造成冷冻机油不足可能发生压缩机故障。为了防止此类故障发生而实施回油控制。

电子膨胀阀的开度有可能发生偏移，所以在制冷循环中发生故障之前会修正开度偏移，进行复位控制。

9. 室外风机控制

制冷运行的室外风机在以一定的转速，开始运行一定时间（如 10 s）后，根据室外环境温度的情况转入相应的控制，也就是转入相应的运行挡级。

除霜运行中室外风机停止，但是除霜结束条件满足时，室外风机以 100% 风量启动。

10. 异常控制

异常控制包括：高压保护装置动作控制、室内机间通信异常控制、变频基板间通信异常控制、电源相序异常控制、变频器电压异常控制、压缩机温度过高异常控制、高压压力传感器异常控制、环境温度传感器异常控制、压缩机上温度传感器异常控制、低压压力传感器异常控制、与其他室内机通信异常控制、室内机地址设定错误异常控制、压比过低异常控制、低压压力上升异常控制、高压压力上升异常控制、高压压力过低异常控制、低压压力过低异常控制、变频器电流传感器异常控制、变频器过电流异常控制、变频器模块保护动作控制、变频器模块温度异常控制、变频器其他异常控制、室外风扇电动机异常控制、防止膨胀阀开度偏移控制、瞬时停电控制、短时间停电控制、压缩机保护警报控制。

第三节 暖通空调节能控制的优化技术

目前，在暖通空调系统的实际运行中，普遍采取的自动控制技术水平较低，远没有达到集约化、高能效运行控制的程度。所以，依靠自动控制的先进技术进行暖通空调系统的全局性、最优化节能控制，使暖通空调系统高能效运行，对目前所提倡的节约能源来说，具有非常重大的现实意义。

现状是：一方面，人们往往只是把目光集中在局部耗能设备的节能上，这样往往会造成"盲人摸象"的情况出现。即可能在某些局部耗能设备上（如制冷机组）节约了能源，但同时引起其他耗能设备（如水泵或风机）的能耗增加，使系统的总能耗不仅没有减少，反而增加。这种情况在目前的暖通空调系统中大量存在。所以，不应该只把目光盯在局部个别设备（如压缩机、水泵或风机）的节能上，而应从全局性、系统化的角度出发，对整个系统进行节能。只有整个系统节能了，才是真正意义上的节能。另一方面，有时人们提到的"全局性""优化控制"往往针对局部耗能设备或"非全变频"系统（即系统中并非所有的耗能设备都能进行变频控制，例如，水泵控制靠改变水泵运行台数实现），而"全局性"优化控制的前提是所有耗能设备的"全变频"控制（即耗能设备采用连续量、模拟量控制，而不是低层次的开关量控制）。从自动控制的角度看，如果做不到制冷机组、水泵、风机等所有耗能设备的"全变频"，就根本无法实现真正意义上的"全局性"优化控制。针对"非全变频"系统的所谓"全局性""优化控制"，往往不符合甚至违背了采用"全局性"最优化控制的前提条件，因此缺乏实际应用价值。

而目前更为普遍的情况是，人们往往只是把目光集中在局部耗能设备的节能上，而很少从全局性、系统化的角度进行地源热泵空调系统的最优化节能控制。有时虽然在某些局部设备上节省了能源，但引起其他耗能设备的能耗增加，结果导致总能耗不仅没有减少，反而增加。

例如，在对热泵机组压缩机、水泵、风机都可进行变频控制的情况下，在冬季，当地源热泵机组为用户提供空调系统的热水时，假设空调系统的热负荷不变，并且流过蒸发器的地下循环水流量不变（即地下水变频循环泵的能耗不变），此时，若变频热泵机组的冷凝温度偏高，则热泵机组压缩机的能耗增加。如果采用恒定出水温度控制，此时为了保持冷凝器出口的热水温度不变，用户热水输送水泵的流量会增大，则热水输送水泵的能耗增加，继而当热水通过空气／热水换热器交换热量时，由于热水温度不变、热水流量增大而空调系统热负荷不变，那么，空气侧的变频风机的转速将下降，意味着风机的能耗将会相应下降。在这一过程中，变频热泵机组压缩机的能耗增加，地下水变频循环泵的能耗不变，用户热水变频输送水泵的能耗增加，变频风机的能耗减少。而地源热泵空调系统中的热泵机组、地下水循环泵、用户热水输送水泵、风机的功率不一样，这些耗能设备的数量也不一样。那么，系统中所有热泵机组、地下水循环泵、用户热水输送水泵、风机等耗能设备的总能耗究竟是降低了，还是增加了，就需要进行进一步的判断和分析。不能仅仅因为热泵机组的能耗或某些水泵的能耗增加了，就认为总能耗增加了；也不能仅仅因为风机的能耗减小了，就认为总能耗减小了。

相反，在对热泵机组压缩机、水泵以及风机都可进行变频控制的情况下，在冬季，当地源热泵机组为用户提供空调系统的热水时，假设系统的热负荷不变，并且流过蒸发器的地下循环水流量不变（即地下水变频循环泵的能耗不变），此时，若变频热泵机组的冷凝温度偏低，则热泵机组压缩机的能耗减少。如果采用恒定出水温度控制，此时，为了保持冷凝器出口的热水温度不变，用户热水输送水泵的流量会减少，则该水泵的能耗减小。继而当热水通过空气／热水换热器交换热量时，由于热水的温度不变、热水流量减少而空调热负荷不变，那么，空气侧的变频风机的转速将增大，意味着风机的能耗将会相应增加。在这一过程中，变频热泵机组压缩机的能耗减少，地下水变频循环泵的能耗不变，用户热水输送水泵的能耗减少，变频风机的能耗增加。而热泵机组、地下水循环泵、用户热水输送泵、风机的功率不一样，这些耗能设备的数量也不一样。那么，系统中热泵机组、地下水循环泵、用户热水输送泵、风机等所有耗能设备的总能耗究竟是降低了，还是增加了，就需要进行进一步的判断和分析。不能仅仅因为热泵机组的能耗或某些水泵的能耗减少了，就认为总能耗减少了；也不能仅仅因为风机的能耗增加了，就认为总能耗增加了。

即在负荷不变的情况下，如何将能耗合理地分配在热泵机组压缩机、地下水循环泵、用户热水输送水泵、风机等耗能设备上，使系统的总能耗最低，是非常值得研究的问题。

所以，要对热泵机组、地下水循环泵、用户热水输送水泵、风机等所有耗能设备的运行进行全局性最优化的节能控制，即在满足用户需求的前提下，使热泵机组、地下水循环泵、用户热水输送水泵、风机等所有耗能设备的总能耗最低，这种全局性最优化控制对"全变频"地源热泵空调系统的节能来说，具有非常重要的现实意义。

当然，系统的热负荷是动态变化的，即对任一时刻的负荷，都存在如何将能耗合理地分配在热泵机组压缩机、地下水循环泵、用户热水输送水泵、风机等耗能设备上，使系统的总能耗最低的问题。也就是说，由于负荷是变化的，对热泵机组、地下水循环泵、用户热水输送水泵、风机的全局性最优化节能控制是动态进行的，随着负荷的变化处于动态进行的过程中。目的是在满足用户需求的前提下，使热泵机组、地下水循环泵、用户热水输送水泵、风机等所有耗能设备运行的总能耗最低。

对于夏季制冷运行时也可以得到类似的结论。

从以上分析可以看出，热泵机组、地下水循环泵、用户侧循环水泵、风机等所有耗能设备之间存在全局性最优化节能控制的问题，即在满足需求的前提下，使能耗合理地分配在热泵机组、地下水循环泵、用户侧循环水泵、风机等所有耗能设备上，使其总能耗最低。另外，地源热泵空调系统在实际运行中，由于负荷是动态变化的，对任一负荷，都要对热泵机组、地下水循环泵、用户侧循环水泵、风机等所有耗能设备进行全局性最优化的节能控制，即在该负荷状态下，使热泵机组、地下水循环泵、用户侧循环水泵、风机等所有耗能设备的总能耗最低。也就是说，对热泵机组、地下水循环泵、用户侧循环水泵、风机等所有耗能设备的全局性最优化控制随着负荷的变化是动态进行的，处于不断变化的过程当中。

一、全局性优化技术的基本原理

（一）被控系统的数学模型

下面以暖通空调系统为例，说明"全局性"优化技术的基本原理。

暖通空调系统中多个耗能设备的数学模型的建立：

暖通空调系统的模型反映了暖通空调系统的操作性能与约束条件，是实现最优化控制的关键依据。要对暖通空调系统实现计算机最优化控制，必须首先了解暖通空调系统的运行规律。这种运行规律的数学描述就是数学模型。根据对象的不同特点，数学模型可以有不同的形式。一般而言，暖通空调系统中一些参数是分散且不均匀的（如空调房间的室温），数学描述这种对象中参数变化的规律有很大困难。所以为了简化问题总是把调节对象看成具有集中参数的理想对象。数学模型是从分析暖通空调系统运行过程的内在机理出发，借助于基本物理定律、数学工具和现场实验数据而建立的，用这种方法建立的数学模型比较符合客观实际又便于工程实践，所以经常被采用。

由于暖通空调系统是运行过程错综复杂的控制对象，往往不能用单纯的理论方法建立数学模型，在善于总结操作人员现场经验的基础上，分析实验数据，归纳出经验公式，作为初步建立的数学模型，然后再通过多次试验修正完善，这是建立数学模型的有效途径。

暖通空调系统中数量众多的耗能设备分别有自己的数学模型，且在暖通空调系统中热泵机组、水泵、风机的功率和数量各不相同。这些数学模型分别与相关流体（如制冷剂、水、空气等）的温度、压力、流量、湿度等参数相关，准确地建立数量众多的耗能设备运行（热泵机组、水泵、风机等）的数学模型是非常关键的，这直接决定着全局性最优化节能控制系统的性能。所以，这些数学模型的准确建立是十分重要的。

（二）系统变量受到的约束

最优化控制模型在最优化控制中占有举足轻重的地位。仅仅建立暖通空调系统中各个耗能设备的数学模型是不够的，还需要在暖通空调系统运行过程的约束条件下，建立最优化控制模型，然后求解得到优化工况下的一组关键操作变量，作为下层多个控制回路的控制参数，进行多回路闭环优化控制。

1. 目标函数

目标函数是衡量暖通空调系统运行过程优劣的一种性能指标，对暖通空调系统来说，就是所有耗能设备的总能耗。目标是使总能耗最低。目标函数通常以 J 表示，它是 n 维操作变量向量 x 的函数，其一般形式为：J=F（x），式中，$\boldsymbol{x} = \left(x_1, x_2, \cdots, x_n\right)^{\mathrm{T}}$。

目标函数的形式要视暖通空调系统的具体情况而定，它可以是线性函数，也可以是非线性函数。优化问题的实质是求出在满足约束条件下使目标函数 J 成为最大值或最小值的操作变量 x 值。对于暖通空调系统来说，J 就是暖通空调系统中所有耗能设备的总能耗。最优化控制的目标是在满足用户需求的前提下，使 J 最小。

2. 约束条件

在求解目标函数的最优解时，变量 x 的取值范围一般都要受到客观条件和主观能力的限制，这种限制称为约束条件。

最优控制方法可分为有约束和无约束两大类。在暖通空调系统的实际运行过程中，几乎所有的优化目标都受到各种约束条件的限制，超出了这些限制，不但不能得到最好的效益，甚至会破坏暖通空调系统的安全运行，造成极大的损失。实际运行过程中的设备负荷、运行能力、控制品质等，构成了最优化控制问题的约束条件。

约束条件既可用一组数据表示，也可用一组函数式表示。约束条件有等式约束和不等式约束两种类型。

①不等式约束条件。运行过程操作优化的不等式约束条件，主要为过程变量 x 的不等式约束，一般表示为：$g(x_1, x_2, \cdots, x_n) \leqslant 0$（或 $\geqslant 0$）。

②等式约束条件。运行过程操作优化的等式约束条件，一般包括由各种平衡方程组成的数学模型等，表示为：$h(x_1, x_2, \cdots, x_n) = 0$。

满足约束条件的方案集合，构成了优化问题的可行域。可行域中的方案为可行方案。因此，最优化控制问题是在可行域中寻求使目标函数达到最大值或最小值的工况操作点，这样的点称为最优化控制的最优解。

（三）系统的性能指标

最优化控制模型一般可表示为下列一般数学形式：

目标函数：$\min J = F(x)$ 或 $\max J = F(x)$，式中 $\boldsymbol{x} = (x_1, x_2, \cdots, x_n)^{\mathrm{T}}$。

约束条件：

$$h(x_1, x_2, \cdots, x_n) = 0$$
$$c(x_1, x_2, \cdots, x_n) = 0$$
$$g(x_1, x_2, \cdots, x_n) \geqslant 0$$

要进行最优化控制，首先将需要优化的目标函数和应满足的约束条件汇总，构成条件极值问题，再应用线性规划、非线性规划或其他优化方法，求取目标函数的最优解，以求取最优控制决策，实施对暖通空调系统运行过程的优化操作或最优化控制。

从以上分析可以看出，仅仅建立数量众多的热泵机组、水泵、风机等耗能设备各自的数学模型是不够的，还需要建立全局性、最优化控制模型，该模型将地源热泵空调系统的多个操作变量与系统的所有耗能设备的总能耗联系起来，把各个耗能设备的数学模型寓于整个暖通空调系统的经济模型（总能耗）之中，这是实现暖通空调系统全局性最优化控制的核心和关键。

二、遗传算法在暖通空调节能优化控制中的应用

建立了暖通空调系统的最优化控制模型后，就需要选择优化算法，以求取最优解。对

于最优化控制问题，最终可以转化为求解满足约束条件下的目标函数的极值问题，即条件极值问题。对于暖通空调系统来说，就是求取最优解，使系统中所有耗能设备的总能耗最低。

一般来说，暖通空调系统最优化控制问题是一个非线性规划问题，求解非线性数学规划问题的方法很多，典型的有广义下降梯度法、逐次二次规划法以及不可行路径法等。但是，多数传统方法都是基于目标函数和约束条件的梯度信息来产生一个优化解序列，而且，当函数条件发生变化时，此类优化算法易于使解序列陷入局部极值点或不可行。有约束的非线性规划问题，虽然其目标函数简单，但是作为约束条件的控制对象，其严格机理模型却是一组高维非线性迭代方程，其约束变量与决策变量之间往往存在着隐式的强非线性关系。

由于所需的梯度信息很难用规则的、显式的数学形式给出，而采用差分法求取则将使计算量迅速增加，因此，传统优化算法在求解复杂系统优化问题时有时会遇到很大困难。目前，根据某些最优化控制问题的操作特点（如寻优范围较窄、寻优方向明确），优化算法以非线性规划中的变量轮换法为基础，构造了一种直接搜索算法来逐次逼近优化问题的最优解，并得到了成功的应用。此外，遗传算法的发展为求解大规模复杂非线性优化问题提供了新的方法和工具。

总之，求解全局性最优化控制问题的优化算法有多种，对于所建立的全局性、最优化控制模型，选择可靠性高、实用性好的优化算法是非常重要的。该优化算法通过寻求最优解，在满足用户对空调系统需求的前提下，使地源热泵空调系统中的热泵机组、水泵、风机等所有耗能设备的总能耗最低，实现真正意义上的全局性最优化控制。

（一）遗传算法的基本原理

遗传算法和遗传规划是一种新兴的搜索寻优技术。它仿效生物的进化和遗传，根据"优胜劣汰"原则，使所要求解决的问题从初始解逐步地逼近最优解。在许多情况下，遗传算法明显优于传统的优化方法。该算法允许所求解的问题是非线性的和不连续的，并能从整个可行解空间寻找全局最优解和次优解。同时，其搜索最优解的过程是有指导性的，避免了一般优化算法的维数灾难问题。遗传算法的这些优点随着计算机技术的发展，在控制领域中将发挥越来越大的作用。

研究表明，遗传算法是一种具有很大潜力的结构优化方法。它用于解决非线性结构优化、动力结构优化、形状优化、拓扑优化等复杂优化问题，具有较大的优势。

1. 遗传算法特点

遗传算法是模拟达尔文的遗传选择和自然淘汰的生物进化过程的计算模型，是一种通过模拟自然进化过程搜索最优解的方法，遗传算法与传统的优化算法相比，主要有以下特点：遗传算法以决策变量的编码作为运算对象；遗传算法直接以适应度作为搜索信息，无需导数等其他辅助信息；遗传算法使用多个点的搜索信息，具有隐含并行性；遗传算法使用概率搜索技术，而非确定性规则。

2. 遗传算法的应用

由于遗传算法的整体搜索策略和优化搜索方法不依赖于梯度信息或其他辅助知识，而只需要影响搜索方向的目标函数和相应的适应度函数，所以遗传算法提供了一种求解复杂系统问题的通用框架。它不依赖于问题的具体领域，对问题的种类有很强的鲁棒性，所以广泛应用于许多科学领域，主要应用领域有函数优化、组合优化、生产调度问题、自动控制、机器人学、图像处理、人工生命、遗传编码和机器学习等方面。所以，在最优化控制技术中选择遗传算法作为优化算法是一种较为可行的途径。

（二）遗传算法的实现步骤

1. 编码

遗传算法在进行搜索之前先将解空间的解数据表示成遗传空间的基因型串结构数据，这些串结构数据的不同组合便构成了不同的点。

2. 初始群体的生成

随机产生 N 个初始串结构数据，每个串结构数据称为一个个体，N 个个体构成了一个群体。遗传算法以这 N 个串结构数据作为初始点开始迭代。

3. 适应性值评估检测

适应性函数表明个体或解的优劣性。不同的问题，适应性函数的定义方式也不同。

4. 选择

选择的目的是从当前群体中选出优良的个体，使他们有机会作为父代来繁衍下一代。遗传算法通过选择过程体现这一思想，进行选择的原则是适应性强的个体为下一代贡献一个或多个后代的概率大。选择实现了达尔文的适者生存原则。

5. 交换

交换操作是遗传算法中最主要的遗传操作。通过交换操作可以得到新一代个体，新个体组合了其父辈个体的特性。交换体现了信息交换的思想。

6. 变异

变异首先在群体中随机选择一个个体，对于选中的个体以一定的概率随机地改变串结构数据中某个串的值。同生物界一样，遗传算法中变异发生的概率很低，通常取值范围是 $0.001 \sim 0.01$。变异为新个体的产生提供了机会。

第四节 公共建筑计算机网络能耗统计与管理技术

一、公共建筑计算机网络能耗统计技术

（一）公共建筑计算机网络能耗统计的背景

为了提高建筑能源管理水平，进一步节约能源、降低能源和水资源消耗、合理利用资源，以政府办公建筑和大型公共建筑的运行节能管理为突破口，建立既有政府办公建筑和大型公共建筑运行节能监管体系，提高政府办公建筑和大型公共建筑整体运行节能管理水平，我国正在积极推行政府办公建筑和大型公共建筑能耗统计和审计工作。

政府办公建筑和大型公共建筑能耗数据采集是一种建筑节能的管理方法，其主要内容是采集政府办公建筑和大型公共建筑的能耗数据，并根据采集的能耗数据确定重点用能单位，制定每类重点用能单位的用能定额，并作为用能管理的依据，同时对政府办公建筑和大型公共建筑的能耗分项计量和对节能改造给予指导和协助。

政府办公建筑和大型公共建筑能耗统计、审计工作中的一个重要环节就是对大型公共建筑能耗状况进行计量监控，包括对各个耗能子系统计量的合理划分等，并对其数据通过网络进行传输。

（二）公共建筑能耗统计中的计算机网络技术介绍

公共建筑能耗统计中的数据传输网络的功能就是对数据的传输和处理。现代电子技术和通信技术日新月异的发展，给数据的传输和处理提供了多种传输模式，有线的、无线的

或者是这些方式的综合运用。

从终端计量仪表（如电表、燃气表等）到数据管理中心，大致可以分为两级：

第一级，把一栋或几栋楼的终端计量仪表数据收集到一个地方，将这种作用的设备称之为"集中器"。

第二级，从"集中器"到数据管理中心。

1. 第一级

第一级的集中器包括微处理器、存储器、收发信机、电源和对外数据接口。

集中器负责传输数据中心的数据、指令信息，收集网络终端计量仪表的数据并及时上传。从终端计量仪表到集中器数据的传送可用无线方式或有线方式。

（1）电力线载波作为传输信道

电力线载波（PLC）通信是利用高压电力线（通常指 35 kV 及以上电压等级）、中压电力线（指 10 kV 电压等级）或低压配电线（380/220 V 用户线）作为信息传输媒介进行数据传输的一种特殊通信方式。近年来，高压电力线载波技术突破了仅单片机应用的限制，已经进入了数字化时代。并且，随着电力线载波技术的不断发展和社会的需要，中 / 低压电力线载波通信的技术开发及应用出现了方兴未艾的局面。

电力线载波（PLC）是电力系统特有的通信方式，电力线载波通信是指利用现有电力线，通过载波方式将模拟或数字信号进行高速传输的技术。最大特点是不需要重新架设网络，只要有电线，就能进行数据传递。

然而，电力线是给用电设备传送电能的，而不是专门用来传送数据的，所以电力线对数据传输有如下限制：

①配电变压器对电力载波信号有阻隔作用，所以电力载波信号只能在一个配电变压器区域范围内传送。

②三相电力线间有很大信号损失（10 ～ 30 dB）。通信距离很近时，不同的各相之间可能会收到信号。一般电力载波信号只能在单相电力线上传输。

③电力线存在本身固有的脉冲干扰。

④电力线对载波信号造成高削减。

⑤电力线上存在高噪声。电力线上接有各种各样的用电设备，阻性的、感性的、容性的、大功率的、小功率的。各种用电设备经常频繁开闭，就会给电力线带来各种噪声干扰，而且幅度比较大。

⑥电力线引起数据信号变形。

（2）RS-485总线

RS-485标准是美国EIA（电子工业联合会）公布的串行通信协议。它传输距离长、速度快、抗干扰性能好，广泛应用于各种工业、楼宇、能源等领域。在实际应用中，许多电能计量仪表都带有RS-485接口。

随着数字技术的发展和计算机日益广泛的应用，在要求通信距离为几十米到上千米时，广泛采用RS-485收发器。RS-485收发器采用平衡发送和差分接收，因此具有抑制共模干扰的能力，加上接收器具有高的灵敏度，能检测低达200mV的电压，故传输信号能在千米以外得到恢复。

RS-485支持半双工或全双工模式。网络拓扑一般采用终端匹配的总线型结构，不支持环形或星形网络，最好采用一条总线将各个节点串接起来。从总线到每个节点的引出线长度应尽量短，以便使引出线中的反射信号对总线信号的影响最低。

RS-485总线很适合几十米到上千米短中程距离的通信，一对双绞线就能实现多站联网构成分布式网络，它具有硬件简单、控制方便、成本低廉、接收灵敏度高、抗共模干扰能力强、总线负载能力强（128～400个设备）的优点。但其在抗干扰、自适应通信效率方面仍存在一些缺陷。特别是在开通初期，因具体环境条件的不同，会遇到种种问题，维护人员需要较高的技术水平特别是实践经验。

（3）M-BUS总线

Meter-BUS总线简称M-BUS总线。M-BUS是专门为计量仪器仪表设计的，在建筑物和工业能源消耗数据采集具有多方面的应用。目前，国内诸多大型水、电、气、热表企业已采用或拟采用M-BUS总线通信技术。

M-BUS是一种低成本的一点对多点的总线通信系统，具有通信设备容量大（250个从站）、通信速率高、成本低、设计简单、布线简便（无极性可任意分支，普通双绞线）、抗干扰能力强的特点。M-BUS总线通信系统可广泛应用于三表集抄、智能家庭控制网络、消防报警及联动网络、小区智能化控制网络、中央空调控制系统等。

M-BUS是欧洲标准的总线，主要用于消耗性测量仪器的数据传输。M-BUS在建筑物和工业能源消耗数据采集有多方面的应用，其最大的特点是无极性、两线工作、能极大地节省现场工作量。

M-BUS是专门为消耗测量仪器和计数器传送信息的数据总线设计的。它的信息传送量是专门为满足其应用而限定好的，具有使用价格低廉的电缆而能够长距离传送的特点。

M-BUS不会被其他数据总线取代，相反它用于传送计数器读数是最安全和价廉的。M-BUS能够适应电网电压起伏不定的波动。

M-BUS的总线拓扑结构灵活多样，可以是直线形、环形、星形或这几种的混合形，各设备与总线连接无极性，具有防接错功能，连接方便，中心可判断各分设备工作状态。M-BUS的中心可向总线上各设备提供电源，最适合"无源"表的工作状态。

M-BUS对中心的总线电源可靠性要求高，因各分设备工作依赖总线电源，总线电源一旦出问题，全系统瘫痪。解决办法：总线电源可做成双备份的。

（4）利用已有的通信网络

利用已有的通信网络，例如公用电话线、公用宽带网络。此种方法的通信可靠性很高，不需要铺设专用网络。目前，利用公用通信网络的实施较难，但应该是未来的发展方向。

（5）基于ZigBee技术的无线传输方式

ZigBee是一种无线连接技术的商业化命名，该无线连接技术主要解决低成本、低功耗、低复杂度、低传输速率、近距离的设备联网应用。

ZigBee技术具有以下特点：

①设备省电。ZigBee技术采用了多种节电的工作模式，可以确保电池有较长的使用时间。

②通信可靠。ZigBee采用了CSMA-CA的冲突避免机制，同时为需要固定带宽的通信业务预留了专用时隙，避免了发送数据时的竞争和冲突；MAC层采用了完全确认的数据传输机制，每个发送的数据包都必须等待接收方的确认信息。

③网络的自组织、自愈能力强。ZigBee的自组织功能：无须人工干预，网络节点能够感知其他节点的存在，并确定连接关系，组成结构化的网络。ZigBee自愈功能：增加或者删除一个节点，节点位置发生变动，节点发生故障等，网络都能够自我修复，并对网络拓扑结构进行相应的调整，无须人工干预，保证整个系统仍然能正常工作。具备自组织、自愈能力的无线通信网络是自动抄表系统理想的通信方式。

④成本低廉。设备的复杂程度低，且ZigBee协议是免专利费的，这些可有效降低设备成本；ZigBee的工作频段灵活，是免执照频段的2.4 GHz，是没有使用费的无线通信。

⑤网络容量大。一个ZigBee网络可以容纳最多254个从设备和一个主设备，一个区域内可以同时存在200多个ZigBee网络。

⑥数据安全。ZigBee提供了数据完整性检查和鉴权功能，加密算法采用AES-128，同时，各个应用可以灵活确定其安全属性。

2. 第二级

从"集中器"到数据管理中心这一级一般距离较远,数据的传输可分为以下几种:

(1)专用信道

利用专门架设的无线通信网络来传输数据。

此法优点为:建网自主灵活。

缺点为:设备投资大,维护工作量大,维护成本较高,须申请专用无线信道。

(2)通过电话、宽带网络传输数据

各集中器与中心通过电话线及电信局交换机进行联络通信。

此法优点为:电话的普及接线相对方便灵活。

缺点为:①电话要交月租费,而每个月的通信量或时间很少,造成浪费;②当集中器数量到一定量时,拨号时间占用抄表总时间相对长。

(3)通过宽带网络传输数据

在某个集中器处建立一个公用网络的通信终端,相当于一个拥有 IP 地址的计算机,向上与数据中心进行数据通信。

(4)利用移动通信网络

目前,移动通信提供了多种数据服务,例如,GSM、GPRS、CD-MA1X 等。

3. 数据中心

数据中心分为数据服务中心、数据操作终端和数据库服务器三部分。

(1)数据服务中心

进行操作终端与采集器之间数据传输,并对采集器进行监控,数据服务中心必须与公网相连,最好有一个固定的 IP 地址,运行时与操作终端和数据库服务器进行连接,转发操作终端发送的指令和采集器返回的信息。当采集器自检到有异常情况时(如:基表计数器不计数、剩余量小于零等)自动向数据服务中心报告,数据中心做出相应的处理并进行报警(方式可根据设置,在数据服务中心报警或发到相应的操作终端等)。

(2)数据操作终端

数据操作终端可以是一个也可以是多个,数据库服务器通过网络收集所有小区用户信息并予以保存。数据操作终端通过自己的管理平台对数据进行分析处理输出,还可通过数据服务中心向各个小区集中器甚至某一个具体用户发送用户购买量数据、监控用户表阀门开关的命令、遥测其工作状态等。数据操作终端通过局域网与数据库服务器和数据服务中心连接,完成开户、传递参数、充值、控制阀门、查询、统计报表等各种操作;远程操作终端通过 GPRS 模块与数据服务中心进行数据通信，由数据服务中心进行数据库的操作。

（3）数据库服务器

数据库服务器主要存储系统数据，如用户资料、购买记录等。

总之，各种数据传输方案各有利弊、应用灵活，应根据具体情况进行设计，才能实现系统稳定、功能强大的建筑能耗统计数据传输系统。

（三）公共建筑能耗子系统的划分

1. 建筑能耗子系统的划分

按照所耗能源种类的不同，建筑能耗系统可以划分为耗电子系统、耗油子系统、燃气子系统和蒸汽子系统。各个子系统的构成如下：

（1）耗电子系统：

①空调系统中制冷机耗电子系统。

②空调系统中冷冻水泵耗电子系统。

③空调系统中冷却水泵耗电子系统。

④空调系统中冷却塔风机耗电子系统。

⑤空调系统中空调箱风机耗电子系统。

⑥空调系统中风机盘管耗电子系统（在很多情况下风机盘管的耗电并入房间用户电量的耗电子系统）。

⑦电梯系统中垂直输送电梯的耗电子系统。

⑧电梯系统中自动扶梯的耗电子系统。

⑨电梯系统中消防电梯的耗电子系统。

⑩照明系统中应急照明的耗电子系统。

⑪ 照明系统中公共区域照明的耗电子系统。

⑫ 照明系统中泛光照明的耗电子系统。

⑬ 各个房间用户电量的耗电子系统。

⑭ 消防水泵的耗电子系统。

⑮ 生活水泵的耗电子系统。

⑯ 污水水泵的耗电子系统。

（2）耗油子系统：主要是燃油锅炉的耗油子系统。

（3）耗燃气子系统：主要是燃气锅炉的耗燃气子系统。

（4）耗蒸汽子系统：主要是吸收式制冷机的耗蒸汽子系统。

2. 通信节点接口与传感器、电能表的接口相结合

（1）电能表的通信接口：针对电能表的通信接口，应采用相应的通信节点与电能表相配套，使来自电能表的通信数据能够进入数据传输网络进行传输。

（2）燃油流量传感器的接口：由于该传感器的输出为 4 ~ 20 mA 标准信号，所采用的通信节点应具有模 / 数（A/D）转换功能，首先通过 A/D 转换功能将 4 ~ 20 mA 的模拟信号转换为数字信号，再将该数字信号在数据传输网络中进行传输。

（3）燃气流量传感器的接口：所采用的通信节点应具有模 / 数（A/D）转换功能，首先通过 A/D 转换功能将 4 ~ 20 mA 的模拟信号转换为数字信号，再将该数字信号在数据传输网络中进行传输。

（4）蒸汽流量传感器的接口：所采用的通信节点应具有模 / 数（A/D）转换功能，首先通过 A/D 转换功能将 4 ~ 20 mA 的模拟信号转换为数字信号，再将该数字信号在数据传输网络中进行传输。

（四）公共建筑能耗统计的计算机网络实现方法

（1）首先确定电能表、传感器的加装位置和个数。

（2）将电能表、传感器与合适的数据传输通信节点相结合，并分布到合适的位置。

（3）将各个耗能终端仪表的数据传输到数据集中器。

（4）将各个数据集中器的数据传送到数据中心。

（5）基于无线通信节点的建筑能耗统计系统。各个电能表、传感器定时采集到的数据，通过相应的数据接口与通信节点相连接，发送到数据传输网络中。数据集中器接收到各个节点发送来的数据，这些数据定期通过远程网络发送到数据中心。

（6）方案的改进、优化，尽可能利用 BAS 的信号和数据。由于现在很多政府办公建筑和大型公共建筑建立了 BAS，所以有些数据（如燃油、燃气、蒸汽传感器的数据）可直接从 BAS 中获取，而不必重新加装燃油、燃气、蒸汽传感器等。对于能在 BAS 获得的数据尽量从 BAS 中获得，以节省成本。

二、公共建筑计算机网络能耗管理技术

对公共建筑进行能耗分析，是实现建筑节能及对其进行能耗诊断的重要步骤，该能耗分析应该从全局的角度开始，逐步进入局部分析的方面。在全局的分析中，先要把涉及的所有能源种类按照一次能源进行换算，并按照二氧化碳排量进行换算以及按照能耗的费用进行换算；再以该换算后的数据为依据，与同类型的建筑进行多角度的比较，这样就可以

发现所研究的建筑目前在能耗方面存在的问题和缺陷。在局部的能耗分析中，需要了解各个用能设备的能耗情况，这可以通过该建筑的建筑能耗分项计量系统来完成和实现。各个用能设备的能耗情况是否合理，这需要比较同类型的建筑中类似能耗设备的耗能情况，根据比较的结果，采取必要的控制、管理和节能改造方法和技术以实现相关耗能设备的节能。

（一）首先确定相关建筑物的全局性能耗情况

在该步骤，首先要了解所研究建筑物的基本参数和信息，如该建筑物的地理位置、基本功能和用途、占地面积、容积率、建筑面积、使用面积等，这些参数和信息对建筑物的能耗具有很大的影响，因此，搞清这些参数信息是非常重要的。接下来，还要对建筑物所使用的能源种类进行统计和分类，如消耗的能源种类是电，是燃气，还是煤还是油？以及各能源种类的消耗量。

1. 把建筑物所消耗的各种能源按照消耗数量转换成一次能源的数量

把各不同种类的能源消耗换算为统一的单位，依次实现一次能源的换算、二氧化碳排放量的换算、能耗花费的换算。

（1）一次能源的换算。

①一次能源总消耗量计算公式为：煤（标煤）+ 电（标煤）+ 燃油（标煤）+ 燃气（标煤）。

②单位建筑面积能源消耗量计算公式为：一次能源总消耗量 / 建筑物总面积。

③人均能源消耗量计算公式为：一次能源总消耗量 / 建筑物内总人数。

（2）二氧化碳排放量的换算。

①二氧化碳总排放量公式为：煤排放（kg）+电排放（kg）+燃油排放（kg）+燃气排放（kg）。

②单位面积二氧化碳排放量计算公式为：总二氧化碳排放量 / 建筑物总面积。

③人均二氧化碳排放量计算公式为：总二氧化碳排放量 / 建筑物内总人数。

（3）能耗花费的换算。

①建筑能耗总花费公式：煤花费（元）+电花费（元）+燃油花费（元）+燃气花费（元）。

②单位建筑面积能耗花费计算公式：总能耗花费 / 建筑物总面积。

③人均能耗花费计算公式：总能耗花费 / 建筑物内总人数。

2. 全局性建筑物能耗分析

把上述步骤所得到的计算结果与相同地区的类似用途和功能建筑物的平均数值进行比照，以确定总能耗、单位面积能耗、人均能耗是否存在问题；二氧化碳总排放量、单位面积二氧化碳排放量、人均二氧化碳排放量是否存在问题；建筑能耗总花费、单位建筑面积能耗花费、人均能耗花费是否存在问题以及是否需要改进。

（二）所研究的建筑物中各个用能设备的能耗情况

根据分项能耗统计结果，获得和了解各个能耗设备的能耗状况；与同类建筑比较，分析各个能耗设备的耗能情况是否存在问题及是否存在需要改进的地方；针对存在的问题，提出节能控制、管理方案或节能改造方案。

第五章 可再生能源技术与应用

可再生能源，指的是从自然界中直接获取，可连续再生，永续利用的能源，这些能源直接来源或间接来自太阳。

第一节 太阳能工位送风空调系统

地球上的一切能源主要来源于太阳能。根据相关文献记载，到达地球表面的太阳辐射能源为每年 5.57×1018 MJ，为全世界目前一次能源消费总量的 1.56×10^4 倍，它相当于 190 万亿 t 标准煤。我国地处北半球欧亚大陆东部，位于温带和亚热带，幅员辽阔，有较丰富的太阳能资源，华北、西北的广大地区尤其充足，为利用太阳能服务于民提供了良好的条件。

鉴于太阳能资源的丰富性，而我国又是一个能耗大国，又限于目前进行太阳能空调较高的技术门槛和成本要求，建立了太阳能工位空调系统的概念。所谓太阳能工位空调系统，即利用太阳能资源，对以工作台为单位形成的个人工作区域进行温度、湿度及产生的污染源的控制，保证工作区域有一个良好、舒适的环境的空调系统。

通过 CFD 模拟技术，对办公建筑的一个独立办公室分别采用背景空调在太阳能工位空调送风、太阳能空调整体送风以及分体空调整体送风方式进行数值模拟，得出各自送风形式下的速度场和温度场，从而得出一些结论。

一、太阳能工位空调系统的数值模拟

太阳能工位空调数值模拟工况为：背景空调送风速度为 0.4 m/s，送风量为 325 m³/h，送风温度为 16 ℃。工位空调送风速度为 1.2 m/s，送风量为 130m³/h，送风温度为 23℃。根据此工况，对房间尺寸为 5 m × 4 m × 3 m 的空调房间进行数值模拟。

（一）物理数学模型

物理模型为 5 m×4 m×3 m 的空调房间，房间内有一个人、一台计算机、一盏荧光灯、一张桌子，桌子本身不是发热体，故未画出，门和窗户均用墙体代替，人、计算机、荧光灯用长方体代替。一个背景空调送风口，尺寸为 1 000 mm×200 mm，一个工位送风口，尺寸为 300 mm×100 mm，一个回风口，尺寸为 1 000 mm×200 mm。

（二）边界条件

设置模型各边界条件，各边界条件的定义及相关参数见表 5-1。

表 5-1 边界条件定义

边界条件名称	边界条件	相关参数
背景空调送风口	速度入口	V=0.4 m/s，t=16 ℃
回风口	压力出口	—
工位空调送风口	速度入口	V=1.20 m/s，t=23 ℃
墙	固定热流量边界	K=40.7 W/m²
计算机	固定热流量边界	K=51.4 W/m²
人	固定热流量边界	K=63.5 W/m²
地板、顶棚	绝热边界	—
荧光灯	固定热流量边界	K=60.2 W/m²

（三）模拟结果分析

在物理数学模型给出的模拟工况下，模拟空调房间室内的温度场、速度场。选取三个代表性截面 A（Ozy 面，穿过人体中心）、B（Oxy 面，水平高度 1.1 m）和 C（Oxz 面，送风口至回风口的中心），对室内速度、温度分布以及工作区微环境进行分析与研究。

1. 温度场分布

采用背景空调送风速度为 0.4 m/s，送风量为 325 m³/h，送风温度为 16 ℃，工位空调送风速度为 1.2 m/s，送风量为 130 m³/h，送风温度为 23 ℃进行办公室内空调制冷时，温度场分布在 25～28℃，满足《民用建筑供暖通风与空气调节设计规范》（GB 50736-

2012）的舒适性空调室内计算参数要求，温度分布合理。工位区域从计算机桌面到人的头部区域为 25 ℃，计算机桌面以下区域为 27 ℃。

工作区及房间温度呈现分区分布，人体正好处于工位送风区，合理地利用了工位送风，工作区温度更好地满足人的舒适性要求。

2. 气流分布

在采用背景空调送风速度为 0.4 m/s，送风量为 325 m³/h，工位空调送风速度为 1.2 m/s，送风量为 130 m³/h，进行办公室内送风时，模拟室内的 A、B、C 面的气流速度为 0.1 ~ 0.3 m/s，符合《民用建筑供暖通风与空气调节设计规范》（GB 50736–2012）的舒适性空调室内计算参数要求。工位区域气流速度为 0.3 ~ 0.5 m/s，略高于规范，可通过调整送风口的大小及位置控制工位区域的气流速度。

送风口直接将新风送到人体呼吸区，人体呼吸区正好处于送风气流区，气流较强，人体上部由于气流的卷吸作用，相对于邻近区域气流稍强。非工作区域气流流动均匀。当工位送风速度较低时，射程短，所能影响的范围小；送风速度越大，送风所能影响的范围越大，逐渐扩大到房间下部。

在一般情况下，室内的污染物相对于空气总量是较少的，其运动轨迹主要由气流组织所决定。从气流的流线情况来看，该气流模式有利于污染物的排放，尤其是在人的呼吸区内，空气品质是优越的。

二、太阳能空调整体送风及分体空调整体送风的数值模拟

太阳能空调整体送风与分体空调整体送风均为对整个空调房间进行空气调节，满足空调房间人员的舒适性要求，不同的是，前者所采用的热源能量全部由太阳能提供，初投资成本较高；后者分体空调为普通的电空调，通过市电来驱动空调制冷制热，初投资成本低，但会消耗电能。下面，根据送风工况对整体送风进行数值模拟，检验其是否满足舒适性要求。

（一）整体送风系统的物理、数学模型

物理模型为 5 m×4 m×3 m 的空调房间，房间内有一个人、一台计算机、一盏荧光灯、一张桌子，桌子本身不是发热体，故未画出，门和窗户均用墙体代替，人、计算机、荧光灯用长方体代替。一个背景空调送风口，尺寸为 1 000 mm×200 mm，一个回风口，尺寸为 1 000 mm×200 mm。

按此设计，是为了保持与工位空调送风一致，便于在进行节能及经济性分析的时候比较优劣。

（二）边界条件

设置模型各边界条件，各边界条件的定义及相关参数见表 5-2。

表 5-2 边界条件定义

边界条件名称	边界条件	相关参数
整体空调送风口	速度入口	V=1.1 m/s，t=16 ℃
回风口	压力出口	—
墙	固定热流量边界	K=40.7 W/m²
计算机	固定热流量边界	K=51.4 W/m²
人	固定热流量边界	K=63.5 W/m²
地板、顶棚	绝热边界	—
荧光灯	固定热流量边界	K=60.2 W/m²

（三）模拟结果分析

在整体送风系统的物理、数学模型给出的模拟工况下，模拟空调房间室内的温度场、速度场。选取三个代表性截面 A（Ozy 面，穿过人体中心）、B（Oxy 面，水平高度 1.1m）和 C（Oxz 面，送风口至回风口的中心），对室内速度、温度分布以及工作区微环境进行分析与研究。

1. 温度场分布

采用整体送风速度为 1.1 m/s，送风量为 792 m³/h，送风温度为 16 ℃，进行办公室内空调制冷时，温度场分布在 22～24 ℃，略低于《民用建筑供暖通风与空气调节设计规范》（GB 50736-2012）的舒适性空气调节室内计算参数要求，但满足室内制冷需求。工位区域从计算机桌面到人的头部区域为 23 ℃，计算机桌面以下区域为 27 ℃。

工作区及房间温度呈现温度分布一致，为 23～24 ℃，在送风口至房间中间区域，温度较低，为 21～22 ℃。

此送风工况能够满足人的舒适性要求，但房间内的大部分冷量消耗在非工作区域，不利于能量的充分合理利用，形成能量的无形浪费。

2. 气流分布

在采用整体空调送风速度为 1.1m/s，送风量为 792 m³/h，进行办公室内送风时，模拟室内的 A、B、C 面的气流速度为 0.1 ~ 0.5 m/s，部分区域的气流分布略高于《民用建筑供暖通风与空气调节设计规范》（GB50736-2012）的舒适性空调室内计算参数要求，但气流速度较高区域不在工作区内，工作区可保持 0.1 ~ 0.3 m/s 的气流速度。

在房间工作区斜对角的顶棚区域气流速度分布较大，为 0.5 ~ 0.6 m/s。在工作区内，人的背面气流速度为 0.3 ~ 0.4 m/s，人的正面区域，气流速度为 0.1 ~ 0.2 m/s。从送风口至回风口，整个截面上的气流速度呈现分区分布，除送风口及回风口处，其他区域的气流速度为 0.05 ~ 0.3 m/s。气流分布符合要求。

三、结论

（1）无论采用背景空调 + 太阳能工位送风空调系统，还是采用太阳能整体送风空调系统及普通分体空调整体送风都能够很好地满足室内人员的舒适性要求，但采用背景空调 + 太阳能工位送风空调系统所需承担的室内负荷较其他形式小。

（2）太阳能工位送风是将处理过的空气直接送入人的呼吸区，而不是与室内空气混合后再送达人体，这样保证了空气的洁净度，与传统空调相比，减缓了传统空调房间内的沉闷感。

（3）太阳能工位空调系统房间和工作区温度呈现分区分布，安装有工位送风口的工作区间平均温度低于未安装工位送风口的工作区间，人体周围温度明显低于背景温度，并且以人体为中心由内向外逐渐递增，工位送风效率很高。用较少的送风量就能达到满意的空调效果，利于节能。

（4）由于人距离工位送风口很近，必须考虑送风参数，特别是送风速度、送风距离、送风口尺寸对送风效果和人体舒适性等方面带来的影响。

（5）在相同的送风量下，送风口尺寸越小，工位区的气流速度就越大，会使用户产生吹风感。要达到所需的制冷要求，适当增大送风口尺寸，可能为用户提供较佳的温度、速度模式，即为用户提供较低温的新鲜空气。

（6）从避免吹风感角度来说，太阳能工位送风末端不能过于靠近用户。

（7）太阳能空调整体送风和普通分体空调整体送风可保证空调房间的舒适性要求，但其最佳空调效果区域不在工位区域，不能将其有效地送达工位区域，造成能量无形的浪费。

（8）在三种空调形式的初投资上，太阳能整体送风空调方案最高，背景空调 + 太阳能工位送风空调方案次之，传统分体空调最低。

（9）在三种空调形式的能耗及节能上，太阳能整体送风空调方案能耗全部来自太阳能，不消耗其他能源，最节能；背景空调＋太阳能工位送风空调方案仅背景空调采用市电，工位送风利用太阳能，消耗较少的能量；普通分体空调动力源全部来源于市电，且承担室内全部负荷，能耗较大。

第二节 太阳能半导体制冷／制热系统的试验

太阳能是一种取之不尽、用之不竭的绿色能源，半导体制冷具有体积小、质量轻、无噪声和无泄漏等优点。通过设计利用太阳能光伏发电为半导体制冷器提供直流电对空间进行制冷／制热，该系统具有结构简单、可靠性高、无污染等优点，特别适合没有架设电网的边远地区的冷藏／暖藏箱等应用，对推进太阳能光伏发电半导体制冷／制热系统的市场应用有一定参考意义。

一、太阳能光伏电池最佳倾角测试

太阳能半导体空调器制冷／制热系统，主要研究其在夏季工况下的运行情况。选择夏季晴朗天气，调整太阳能光伏电池的倾斜角度，通过测试光伏板的开路电压、短路电流，以及在特定负载（负载为 5Ω 和 20Ω 的额定电阻器）情况下的输出电压和电流，找到太阳能电池的最大输出功率，从而确定其最佳的倾斜角度。同时，根据理论计算，确定太阳能光伏板的最佳摆放位置。

试验中，采用 TES-1333 型太阳能表实时地测试太阳辐射强度，为了能够使系统的工作状态更佳，测试的数据有效且符合试验的目的与要求，当太阳辐射强度不足 100 W/m^2 时，忽略数据的变化，不计入倾斜角的测试试验。试验过程中的太阳辐射强度均满足大于 600 W/m^2 的要求。

太阳能光伏板的倾斜角度，取值范围为 0°～90°。为了缩短测试时间，提高测试效率，根据理论计算和相关参考文献，在 0°～45° 每隔 5° 测试一次，在 45°～90° 任意选取几个角度进行测试。

工况一：太阳辐射强度 680 W/m^2，环境温度 33.7 ℃，相对湿度 58%，平均风速 2.2 m/s，风力 2 级，负载电阻 20Ω。

工况二：太阳辐射强度 753 W/m^2，环境温度 34.1 ℃，相对湿度 52%，平均风速 2.4 m/s，风力 2 级，负载电阻 20Ω。

通过测试可知：开路电压、输出电压、短路电流和输出电流随着太阳能光伏板倾斜角的变化在工况一、工况二中呈现出的变化规律基本一致。

开路电压和输出电压在总体上随着倾斜角的增大呈现出先增大后减小的变化趋势；当倾斜角位于 0°～35° 时，开路电压和输出电压的变化趋势基本一致，反映出开路电压与输出电压之间的差值基本相等；随着倾斜角的不断增大，开路电压和输出电压都呈现出逐渐减小的变化规律，并且开路电压变化较为平缓，输出电压的变化幅度较大。

短路电流和输出电流在总体上随着倾斜角的增大呈现出先增大后减小的变化趋势；当倾斜角在 25° 左右时，短路电流和输出电流达到最大值；当倾斜角 β < 25° 时，短路电流和输出电流变化趋势较为平缓，且二者之间的差值基本保持不变；当倾斜角 β > 25° 时，短路电流急剧减小，而输出电流也减小，但幅度不大。

通过输出电压和输出电流可以计算得出输出功率，由于输出电流变化较为平缓，输出功率的变化规律与输出电压的变化规律基本保持一致，当倾斜角从 0° 逐渐增大，输出功率先增大后急剧减小，且在倾斜角 β =25° 左右时，太阳能光伏板的输出功率达到最大值。将试验所得最佳倾斜角 β =25° 与理论计算值进行比较，倾斜角 β =25° 在理论计算范围 20°～26°。因此，在试验中，取太阳能光伏板的倾斜角为 25° 进行后续相关试验。

二、制冷试验结果及分析

（一）工作电流对制冷效果的影响

工作电流是影响半导体制冷器效果的主要因素，由前面的理论分析可知，半导体制冷器在工作时存在着一个最佳值，即产生最大制冷量时对应的工作电流。试验中为了保证输出电压的稳定性，采用通过控制器后输出的 12 V 直流稳压作为半导体制冷器的工作电压，环境温度为 27.8 ℃，将四块并联后的半导体制冷器与滑动变阻器相连，在保证其他条件不变的情况下，改变滑动变阻器的电阻值，测试并记录通过半导体制冷器的工作电流，同时记录每一个工作电流对应的制冷器冷端和制冷空间稳定后的温度，试验结果如下：

制冷空间的温度随着电流的变化呈现抛物线的变化规律，随着电流的增大，制冷空间的温度先减小后增大，存在着一个最小值，即抛物线的最小值，对应的工作电流就是半导体制冷器最佳工作电流。产生上述变化规律，主要是因为构成半导体制冷器的电偶对，在工作电流增大时，冷端制冷量随之增大从而制冷空间温度降低，但工作电流继续增大后，半导体制冷器的热端也在不断产热，当热端的散热能力不足以将产生的热量及时散出时，半导体制冷器热端产生的富余热量就会向冷端传递，从而导致制冷空间的温度又会有所回升。

（二）有无蓄电池对制冷效果的影响

蓄电池是太阳能半导体制冷／制热空调系统的重要组成部分，是系统储能不可或缺的部分。但是从系统的初始成本看，蓄电池的成本相对较高，如果能够在保证制冷效果的前提下，可以不使用蓄电池，这对系统的成本和应用将有着重要意义。因此，通过试验的方式，测试并记录有蓄电池和无蓄电池时系统的工作电压和工作电流，通过测试数据比较分析在有无蓄电池的情况下，系统的制冷效果。

通过试验可知，蓄电池是太阳能半导体空调系统中的一个重要组成部分，蓄电池的运用可以使系统的工作更加稳定，工作状态具有连续性。同时，从节能的角度分析，蓄电池的运用可以有效地储存丰富的太阳能转换后的电能，尤其是中午太阳辐射强度较大时，转换成的电能大于负载所需时，多余的能量可以利用蓄电池储存起来，当太阳辐射强度较弱或几乎没有时，再由蓄电池给负载供电，这样就能使太阳能的利用效率最大化。

三、制热试验结果及分析

根据制冷试验测试可以看出，半导体制冷器产热的响应速度很快，且根据热电制冷的理论知识可知，半导体制热功能相对于制冷功能来说要容易很多，因为半导体制冷器热端产生的热量要大于其自身消耗的电功率。

通过试验进一步测试半导体制冷器的制热情况，改变通入半导体制冷器的工作电流方向，实现半导体制冷器冷热两端的转换，测试时环境温度为 15.6 ℃，同样采用滑动变阻器与三组半导体制冷器串联，改变滑动变阻器的阻值以达到改变工作电流的目的，测试并记录不同电流情况下，制热空间稳定后的温度。

制热空间稳定后的温度随着半导体制冷器的工作电流的增大而增大，制冷器热端产生的帕尔贴热值与工作电流成正比，焦耳热值与工作电流的二次方成正比，热端与冷端之间的导热与工作电流的大小无关，因此制冷器的热端产热量随电流的不断增大而增大。但是，半导体的产热和产冷是同时工作的，并不是将工作电流提高得越好对系统的运行情况越好，过大的电流可能引起半导体自身的热短路甚至结构毁坏，从而影响整个系统的运行情况。通过试验选取合适的工作电流即可。

四、结论

通过对半导体制冷／制热特点的分析，提出利用太阳能光伏发电为半导体制冷／制热系统提供直流电的新型制冷／制热方式，通过理论分析和试验测试，借助现代先进的测试技术，对太阳能半导体制冷/制热系统的性能进行深入的分析与探讨，得出结论如下：

固定式太阳能电池的输出功率与电池摆放有关，倾角应根据不同的地理条件和负荷全年分布进行设计。例如，根据武汉的地理位置，经过测试得出武汉地区太阳能电池的最佳倾角为25°。

太阳能光伏电池的输出功率与太阳辐射强度及温度等有关，在气象条件一定的条件下，正确的安装方法是使电池板输出最大功率的关键。

半导体制冷器工作电流、热端散热情况和环境温度是影响制冷空间内部温度的重要因素。随着电流的不断增大，制冷空间的温度先减小后增大，存在着一个最小值，即抛物线的最小值，对应的工作电流就是半导体制冷器最佳工作电流。

在制热模式时，制冷器热端产生的帕尔贴热值与工作电流成正比，焦耳热值与工作电流的二次方成正比，热端与冷端之间的导热与工作电流的大小无关，因此，制冷器的热端产热量随电流的增大而增大。但是，半导体的产热和产冷是同时工作的，并不是将工作电流提高得越好对系统的运行情况越好，过大的电流可能引起半导体自身的热短路甚至结构毁坏，从而影响整个系统的运行情况。通过试验得知，选取合适的工作电流即可。

第三节 空气源热泵冷、热、热水三联供系统

制冷、供暖、供生活热水"三联供"系统实现的方法是在系统中设置两个冷凝器，一个为普通的空冷冷凝器来实现普通的热泵空调器的制冷、制热功能，另加入一个水冷冷凝器，在需要热水的场合将制冷剂切换到水冷冷凝器中冷凝，从而实现同时制冷与制热水的目的和单独作为热泵热水器的目的。

一、系统介绍

（一）工作原理

1. 单独制冷

出压缩机的高温高压的制冷剂，经过翅片式换热器冷凝放热，将热量排到室外空气中，然后制冷剂经过节流装置变成低温低压状态，再流经室内侧换热器，在换热器中蒸发吸热成低温低压的蒸气，然后回到压缩机。

2. 制冷兼制热水

出压缩机的高温高压的制冷剂，先经过板式换热器冷凝放热，将热量传递给经过板式换热器的水，水被加热作为生活热水，热水温度达到要求后或者有多余的热量，再通过翅片式换热器冷凝放热，将制冷剂中多余的热量释放到空气中，之后经过节流装置，高压的制冷剂变成低温低压的状态进入室内侧换热器，制冷剂在换热器中吸收热量后回到压缩机。

3. 单独供生活热水

出压缩机的高温高压的制冷剂，先经过板式换热器冷凝放热，热量被循环流经板式换热器的水吸收，产生的热水供生活使用，之后制冷剂通过节流装置，在节流装置的作用下，变成低温低压的液态，再通过室外机侧换热器（翅片换热器）从空气中吸收大量的热量，然后回到压缩机。

4. 单独供暖

压缩机启动，高温高压的制冷剂蒸气通过室内侧换热器，工质在换热器内冷凝放热，为房间提供热量，然后经过节流装置节流变成低温低压状态，再经过室外侧换热器，从空气中吸收热量，然后回到压缩机。

5. 供暖兼供热水

原理同供生活热水及供暖，只是可以同时满足两者，既供暖的同时，还可以供应生活热水，而且还可以设置优先模式，供暖优先或者供应生活热水优先。

（二）现有系统结构的分析

"三联供"系统结构按热水换热器在系统中的连接方式划分，可分为前置串联式、后置串联式、并联式及复合式。前置串联式系统是将热水换热器串联在冷凝器之前，这种方式可回收制冷剂显热和部分凝结潜热。后置串联式系统是将热水换热器串联在冷凝器之后，这种方式可回收部分凝结潜热和制冷剂液体过冷的热量。并联式系统是利用切换装置，实现在任何运行模式下，制冷剂只流经热水换热器、冷凝器和蒸发器三个换热器中的两个换热器，即可完成一个完整的工作循环，这种方式可回收全部的冷凝热量，包括显热、潜热和过冷热量。而复合式则是上述三种基础连接方式的组合。

对于"三联供"系统结构而言，形式多种多样，按热水制热方式划分，可分为一次加热式、循环加热式和静态加热式。一次加热式，即冷水经过一次加热，直接达到用户所需的水温；循环加热式，即冷水通过在机组和蓄热水箱间多次循环加热，逐渐达到用户所需的水温；而静态加热式则可分为蓄热水箱内绕盘管式和外绕盘管式，两种形式机组的制冷剂侧均是通过强制对流进行换热，水侧通过自然对流进行换热，将冷水逐渐加热至用户所需的水温。

1. 前置串联式

前置串联式结构即热水换热器串接在压缩机排气口之后、风冷式换热器之前，它可以回收压缩机排出过热蒸气的显热和部分凝结潜热来加热水。

前置串联式形式的系统，全年可以制取生活热水，该形式是空气源热泵"三联供"技术领域研究起步最早、取得的研究成果最多的一种系统结构形式。

研究发现，当室外环境温度为 35 ℃，同时室内环境温度为 27 ℃时，系统在制冷兼制生活热水模式下的试验开始运行阶段，热水温度较低时，系统制冷量偏低。分析其原因，为当热水水温较低时，前置热水换热器所回收的冷凝热负荷占系统总冷凝热负荷的比例比较大，制冷剂在热水换热器出口处干度减小。在风冷换热器器内容积和制冷剂充注量一定的情况下，将导致风冷冷凝器总出口、节流机构前液态制冷剂无过冷，节流机构质量流量下降，蒸发器供液不足，系统性能下降。

在低水温时，将热水换热器出口制冷剂直接从冷凝器进口旁通至出口，停用冷凝器，只使用热水换热器处理系统冷凝负荷，有效地解决了热水水温较低时制冷量衰减的问题。同时，对制冷热回收运行时热水供应量、机组制冷量、机组功耗随室外环境温度、热水温度及蒸发温度变化的特性进行了试验研究，发现在室内外环境温度基本恒定的条件下，系统制冷量会随着热水供水温度的上升而减少。这是由于热水供水温度的上升会导致系统冷凝压力的升高，冷凝器出口、蒸发器进口制冷剂比焓值增大，从而导致单位质量流量的制冷剂在蒸发器中蒸发的焓差减小，进而导致系统制冷量下降。提高热水换热器的换热能力，例如，增大换热面积、提高水流量等，有利于提高制冷热回收和单独制热水模式下的热水加热能力以及系统稳定性。但是在制热兼制热水模式下，因机组总制热能力有限，为避免室内制热量过小，应降低热水侧换热能力。

这种前置串联结构方式存在以下两个不足之处：

（1）制冷剂量的平衡问题，导致运行效果不好

制冷剂平衡是制冷系统安全稳定运行的最基本的条件，如果系统的制冷剂不足，会造成蒸发器内缺氟，蒸发压力下降，制冷量会严重下降。如果系统的制冷剂过多，多余的制冷剂液体会囤积于冷凝器内或直接冲入压缩机中，导致冷凝压力上升，压缩机负荷加大或导致压缩机损毁。对于"三联供"系统，其结构远比普通的制冷空调系统复杂。因为它的主要存储制冷剂的部件，除室外风冷换热器和空调换热器外，还有一个新增加的热水换热器。一般三种换热器的容积均不相同，在各种运行模式中，三个换热器分别组合成冷凝器

和蒸发器，各种运行模式下所需要的制冷剂充注量和需求量相差较大，系统在单独制冷和单独制热模式下运行正常，运行模式切换后系统工作很不稳定，难以获得理想的效果。尤其在单独制取热水模式下，制冷剂通过热水换热器被冷凝后，体积大为减小，无法向后连续定量流动，在通过风冷换热器时，会存在储液现象，水温越低，制冷剂冷凝后密度越大，储液现象越明显，系统制冷剂量越显得不足，也会严重影响机组制冷或制热效果，从而使整个空调装置不能正常运行，继续充注制冷剂，则系统逐步恢复正常。

（2）化霜效果问题

由于机组冬季化霜运行时，压缩机排气仍需要先经过热水换热器，才进入风冷换热器进行化霜。当热水温度较低时，排气经过热水换热器已经被冷却，进入室外换热器的冷媒温度不够高，导致化霜时间延长，化霜效果不理想。而且大量制冷剂储存在热水换热器和风冷换热器内，系统严重缺氟，冷媒循环不畅，长期运行会导致压缩机缺油烧毁。

2. 后置串联式

后置串联式结构是将热水换热器串接在风冷换热器之后。该方式主要是利用制冷剂过冷部分的显热热量加热热水，这一部分热量大约占总冷凝热量的 10% ~ 15%。在这种结构系统下，制冷剂在流经热水换热器时已为液体，没有发生相变放热，该方式可以避免出现制冷剂量的平衡问题，且过冷部分有利于提高系统的制冷量、性能系数和运行的稳定性。但是缺点是回收热量少，要想回收更多的热量，就必须采取增加热水换热器的面积等措施，这样一来，不仅增加了设备的造价，还导致设备体积的增加。

这种结构方式与前面提到的后置串联式结构方式相比，在制冷剂平衡和化霜效果两个问题上得到了一定的改善，但不能从根本上解决这两个问题。对于制冷剂平衡问题，由于热水换热器放置于风冷换热器和空调换热器之间，所以不管是正向循环还是逆向循环，在高压冷凝侧，热水换热器都是处于空气侧换热器的后面。又由于水冷换热时传热系数比风冷换热时传热系数要大近 30 倍，同样换热量情况下，水冷冷凝器制冷剂流道容积要比风冷冷凝器流道容积小很多，所以冷凝后液体通过水冷冷凝器比通过风冷冷凝器储液现象更轻微些，对制冷剂平衡影响更小些。而且在制热水工况下，过热制冷剂蒸气先经过风冷换热器再在热水换热器内被冷凝，水温波动，不会导致在空调侧换热器内产生储液现象。

3. 热水换热器与风冷换热器和空调换热器并联连接方式

并联连接方式即热水换热器与风冷冷凝器和空调换热器并联，通过一个四通换向阀和一个三通阀的切换，三个换热器中任意两个换热器均可实现制冷制热，并且制冷剂不经过不工作的换热器，且不工作的换热器管路一直与压缩机进气口相通，即一直处于低压气体状态，其中储存的制冷剂量很少。该方式很好地解决了以上两种方式存在的因系统中加入一个水冷式换热器所导致的制冷剂量不平衡的问题，且可实现夏季制冷兼制生活热水，春秋冬季相当于空气源热水器。

但是，由于制冷剂在水冷式换热器的后半段被冷凝成过冷液体后形成储液现象，而且系统没有配置储液器等制冷剂平衡装置，制冷剂量略有不足，系统能效水平没有得到充分发挥。该系统只有在三个换热器容积相差不多时，才不存在不同运行模式下制冷剂量平衡的问题，可使系统处在较佳运行状态；否则，需要设置一个储液器，用来储存不同运行模式切换时多余的制冷剂并在工况变动时调节和稳定制冷剂的循环量。另外，该系统较好地利用了单向阀和电磁阀控制制冷剂的流动，不存在制冷剂的迁移问题，较好地解决了长期停机启动时压缩机液击的问题。

根据以上对各种形式系统结构的分析发现，目前很多研究多侧重于系统多功能化的实现，而很少考虑不同运行模式下，系统所需制冷剂充注量和需求量变化很大的问题，系统自动调节能力较差，运行效果不理想。

（三）现有热水加热方式分析

热水加热方式对于"三联供"机组的性能和可靠性具有重要的影响，而各种制热水方式具有各自的特点，根据水冷式换热器水侧水循环方式的不同，常用的有循环加热系统、静态加热式系统和即热式系统（即一次加热系统）。

1. 循环加热系统

循环加热系统是利用循环水泵提供动力，使循环水一直在水冷式换热器和蓄热水箱之间循环流动，水不断吸收制冷剂冷凝释放出来的热量，直至蓄热水箱的出水温度达到设定温度。常用的水冷式换热器为套管式换热器和板式换热器。

该方式采用水泵强制循环，水流速度快，换热效果好，但是每循环一次水温只能升高 $4 \sim 5$ ℃，否则水的流速过小，换热效果迅速恶化。且该方式下，蓄热水箱中的水将经历一个由低温到高温的循环加热过程，直至达到所要求的出水温度，即水冷式换热器水侧水温一直处于动态变化，则其制冷剂侧的冷凝压力和冷凝温度也将时刻变化，从而导致系统运行工况时刻变化，这将可能会直接影响系统的制冷（热）量。另外，刚开始加热时，水箱水温较低，冷却效果好，制冷剂在经过水冷式换热器时被充分冷凝，此时流向蒸发器的制冷剂减少，造成蒸发压力偏低，制冷量／吸热量减少；而加热一段时间后，水箱水温升高到接近设定温度时，冷却效果急剧恶化，冷凝压力过高，系统效率降低，且系统负荷忽高忽低的状况，会使压缩机运行工况恶化，缩短压缩机的使用寿命。

2. 静态加热式系统

静态加热式系统又根据加热盘管在蓄热水箱的位置不同，分为内置盘管静态加热式和外置盘管静态加热式。

内置盘管静态加热式是将换热盘管直接浸没在蓄热水箱中。将水冷式换热器与蓄热水箱合二为一，制冷剂在盘管内流动和冷凝，利用管壁加热的水产生自然对流进行换热。其优点是结构简单，水垢直接结在换热管表面，易于清除，而且不需要配置热水水泵，减少机组运转噪声和故障点，而其缺点是换热效果差，换热盘管易腐蚀或结垢。在制取热水过程中，主要靠水的自然对流进行换热，水流动性较差，换热效果减弱，换热盘管的制冷剂侧表面换热系数、换热管的导热系数都较高，而水侧的自然表面换热系数较低，导致换热盘管壁面温度较高，特别是制冷剂进口的过热段。对于铜换热盘管，如果水质呈酸性则极易发生腐蚀现象。为此采用耐腐蚀的不锈钢盘管代替铜盘管，或者在换热盘管表面进行搪瓷处理，是目前应对腐蚀问题的主要方法。但是对于换热盘管表面的结垢问题，目前还没有很好的解决措施。

外置盘管静态加热式是将换热盘管缠绕在水箱内胆外壁上，制冷剂的热量依次通过换热管和水箱内胆传递到水中。这种加热方式的优点是避免了换热盘管腐蚀和结垢的问题，但是，由于换热管只有部分面积和内胆接触，且换热管和内胆间存在接触热阻，因此，这种加热方式的换热效率要低于内置盘管静态加热式。

3. 即热式系统（即一次加热系统）

即冷水一次性流过换热器即被加热到所要求的温度。常采用套管式换热器、板式换热器、壳管式换热器。与前两种加热方式相比，即热式系统具有热水出水速度快、即开即出热水的优点，且其利用自来水的水压进水，不需要循环水泵，减少了电能的消耗；同时，水一次性加热，无冷热水的混合，冷凝压力相对稳定，压缩机运行工况稳定，机组可靠性高。从原理上来讲，即热式加热系统无需水箱，降低了初投资、节省空间。但夏季制冷回收冷凝热制取热水的时间与用户用热水时间不一致，如果要达到实际需求，就需要给即热式系统配备一个保温效果良好的蓄热水箱，将热水储存在水箱中，等需要用热水的时候，再从水箱中取得。

总的来说，一次加热式和循环加热式的共同点在于都是利用水泵驱动冷水流经热回收换热器进行强制对流换热，因此相对于内置或外置盘管静态加热式，换热系数高，且热水换热器壁面温度低，不易发生腐蚀和结垢现象。不同点是一次加热式将冷水通过一次加热直接达到目标水温，因此，须根据进水温度的不同，进行变水流量控制，或者将冷水和热水按一定比例混合再经过热回收换热器，以维持恒定的出水温度；而循环加热式是将冷水经过多次循环加热,逐渐达到目标温度。所以一次加热式的控制复杂、成本相对较高,但用户可在机组制热水过程中使用热水;而循环加热式则要等水箱中的冷水逐渐加热到较高水温后,用户才可使用,但控制简单、成本相对较低。

4. 现有热水换热器的选用分析

水冷换热器的设计主要有两种形式,一种是桶浸泡盘管式,另一种是逆流式。

（1）桶浸泡盘管式

这种方式是把圆柱螺旋形的盘管置于储热水箱内,制冷剂在管内流动和凝结,依靠管壁加热的水产生自然对流换热,但在水温接近于冷凝温度时传热性能迅速降低,并会迫使主机冷凝压力升高。

（2）逆流式水冷换热器

原则上,壳管式、板式和套管式的换热器都可做逆流换热器用。一般来说,逆流式换热器的传热性能优于桶浸泡盘管式水冷换热器,制热水时冷凝压力相对较低,热泵效率也相对提高了。

5. 蓄热水箱的选择分析

"三联供"机组在夏季制冷热回收运行时,存在空调运行时间与热水使用时间不一致的矛盾;而在冬季,则可能出现同时需要制热和制热水的情况。因此,为了解决上述问题就必须为三联供机组配置合适的蓄热水箱。

（1）冷凝热与热用户间的日不平衡性

冷凝热是随着冷负荷的变化而变化的,而冷负荷又是随着室外气象参数、人员流动、地理位置及时间等参数变化,因此冷凝热的变化规律受多因素的影响。比如,旅馆类建筑中存在很多用热场所,但各用热场所均为动态运行,其运行规律受工作制度,人员生活习惯、年龄结构以及天气情况等因素制约。

（2）冷凝热与热用户的季节性不平衡

空调冷凝热是夏季的产物,在过渡季节、冬季,冷凝热将逐渐减少,以至于没有。因此,一年当中,冷凝热也是随季节而变化的,而无论哪个季节,人们都会有热量的需求,并且需求量不随季节变化,这就会引起冷凝热与热用户在季节上的不平衡。蓄热水箱的设计要综合考虑用户的需求和技术上的可能性。一方面,要考虑用户热泵空调的时间及习惯等因素;另一方面,要能从技术上保证在机组正常的运行时间内,能够以合适的方式将热水加热到设计要求的温度（50 ℃）,以及实现连续出水。

6. 提出的新型"三联供"机组系统设置

根据上述对各种形式的系统结构、加热方式、换热器的选用及蓄热水箱选用的分析和研究，对目前的系统进行了相关的改进，该系统不仅仍然可以在五种不同的模式下运行，而且在一定程度上自动调节所需制冷剂量，克服常规系统存在的各种问题，使系统稳定、平衡、高效地运行。

与目前的系统相比，本书提出的新系统主要有以下特点：

（1）设置两个压缩机，一大一小

由于生活热水负荷于空调负荷来说小很多，当在过渡季节，不需要制冷或者制热的时候，开启小的压缩机，运行单独制热水模式来获得生活热水，避免了大马拉小车，提高了压缩机的运行效率，更加节能；当在冬季，室外环境温度低的情况下，同时，机组既需要制热又需要制生活热水的时候，系统需要的输入能耗很大，此时开启两台压缩机，以解决冬季供暖兼制热水同时进行时功率不足的问题。夏季开启大的压缩机制冷并回收冷凝水，当空调在部分负荷的时候，也可以开启小的压缩机来运行。

（2）系统的结构采用复合式结构

不管是采用串联还是并联，系统都存在各种各样的问题，采用复合结构的方式，在一定程度上可以缓解制冷剂不平衡的缺点。

（3）增加了储液器

由于"三联供"系统要满足五种模式，除了要具有制冷制热的功能以外，还需要能够制取生活热水，所以与常规的热泵空调相比，需要添加设置一个热水换热器，夏季空调的冷负荷、冬季的热负荷、生活热水负荷相差很大，所以三种换热器的容积、换热量均不相同，在各种运行模式中，三个换热器分别组合成冷凝器和蒸发器，各种运行模式下所需要的制冷剂量也会不一样，不同模式的切换会导致系统制冷剂不足问题的出现，从而影响系统工作的效果。系统增加储液器，用于储存在换热器放热后的高压液态制冷剂，防止系统中制冷剂过多时，制冷剂液体淹没冷凝器的传热面，使其换热面积不能充分发挥作用，并可以在工况变化时调剂和补偿液态制冷剂的供应，从而保证压缩机和制冷系统正常运行。

（4）系统设置了一个三通调节阀

可以控制进入热水换热器中的制冷剂流量，来调节室内供热量和制取热水热量的分配。调整制冷剂流经板式换热器和直接进入空调换热器的比例，使一部分制冷剂在板式换热器中与水换热，另一部分直接与空调换热器换热，这样可以解决冬季供暖兼制热水同时进行时无法按需要调节的问题。

（5）对风冷换热器设置了一个旁通管

在夏季制冷兼制生活热水时，开启旁通风量换热器，由于系统刚启动时，储水箱中的水温较低，热水换热器可以完全吸收压缩机排放的制冷剂的冷凝热量，这时室内所需的冷负荷均由板式换热器独立承担。储水箱中的水在板式换热器中与制冷剂换热。但随着热水温度逐渐升高，压缩机的排气温度和排气压力逐渐升高，冷凝压力提高，系统的效率下降。新的系统结构，当压缩机排气温度达到一定值时，关闭旁通管上的阀门，开启风冷换热器上的阀门，让制冷剂通过风冷换热器，同时开启风机，热水不能吸收的多余冷凝热量由风冷换热器排放到室外，此时，冷凝热由热水换热器和风冷换热器共同承担，从而使机器不会因为冷凝热量排不出去而导致机器制冷能力下降或者停机。通过一系列的控制措施，可以尽可能多地回收空调的冷凝热量，减少风机的运行时间，不仅保证了机器正常运行，还节约了电能。

（6）风机设计为变速风机

循环水泵设计为变速水泵，通过二者的流速变化组合，控制调节系统的冷凝压力，使系统得以稳定运行，以弥补系统存在的不稳定性。

（7）设置生活热水蓄热水箱

由于空调负荷和热水负荷在大多数情况下存在不一致的矛盾，因此，生活热水的热负荷主要由蓄热装置解决。系统增加一个蓄热水箱，当需要使用时，从水箱中调取。

（8）系统设置了一个经济器

将来自冷凝放热后的高压液态制冷剂的一部分未冷却的气态制冷剂通过经济器和压缩机的连通管道，重新进入压缩机继续压缩，进入循环。通过膨胀制冷的方式稳定液态制冷介质，以提高系统容量和效率。

（9）热力膨胀阀设计为可调节的电子膨胀阀

"三联供"运行模式较多，变化情况复杂，若节流装置为可调节的电子膨胀阀，可以适应不同运行模式的节流需要，以保证制冷运行与制热运行的顺利。

（10）将空调换热器设成水冷换热器

对于普通热泵式空调器的蒸发器采用风冷，新的系统采用水冷换热器，换热效率更高。机组在夏季提供的是冷水，冬季提供的是低温热水，不需要与之配制专门的内机，夏季或者冬季末端可以采用风机盘管，扩展性更强，对于家庭用户，可以做出中央空调形式，不再需要像传统方式一样，一个房间安装一个空调器。更重要的是，随着南方对供暖的呼声越来越高，若在冬季供暖末端采用低温地板辐射系统，并且由"三联供"机组提供低温的供暖热水，采用辐射供暖时室温由下而上，随着高度的增加温度逐步下降，这种温度曲线正好符合人的生理需求，给人以脚暖头凉的舒适感受，所以更加舒适，由于热源是低温的供暖热水，所以具有更加高效、节能、低运行费用等优点，末端安装是地板下还为室内节约了空间。

二、系统运行模式

空气源热泵"三联供"系统具有多功能、全年运行的特点，通过电磁阀的调节，系统可实现以下五种运行模式：

（1）单独制冷模式。

（2）单独制热模式。

（3）单独制热水模式。

（4）制冷兼制热水模式。

（5）制热兼制热水模式。

空气源热泵"三联供"运行不同的模式，制冷剂流程也就不同，从而所实现的功能也就不同。

三、系统的优化匹配分析

空气源热泵"三联供"系统需要在不同的季节条件下运行，全年供冷、供暖及生活热水负荷均不相同，系统中各部件的匹配、环境温度、自来水进水温度的波动都会给系统的运行稳定性带来一定的影响，因此，需要准确了解装置在不同工况下的热力学特性及系统各部件之间的匹配关系，才能实现优化运行。

空气源热泵"三联供"系统部件主要包括三个换热器、压缩机、蓄热水箱等，故有必要通过对系统中的主要部件进行优化匹配计算设计，使系统能满足五种运行模式的需要，并使系统功能最大优化。

（一）大压缩机优化匹配（增加一个性能曲线）

压缩机的作用是将制冷剂蒸气从低压状态压缩到高压状态，然后制冷剂蒸气在冷凝器中冷凝放热，经过节能元件的等焓降温过程变为制冷剂液体，在蒸发器中低温蒸发吸热，再次经压缩机压缩升温升压。另外，由于压缩机不断地吸入和排除制冷剂的气体，才使得制冷剂在整个系统中运行起来，所以压缩机被称为热泵空调器的"心脏"。系统中的其他部件都必须以所使用的压缩机的性能为依据进行设计，通过对压缩机的各种匹配计算完成各种部件的选型。

现在的小型热泵机组用的压缩机的功率都较小，一般都是全封闭式压缩机。这种全封闭式的压缩机主要有三种形式广泛应用于热泵机组中：第一种是活塞式的压缩机，第二种是滚动转子式的压缩机，第三种是涡旋式的压缩机。由于涡旋式压缩机结构简单，体积小，质量轻，零部件少，可靠性好。它与同型号的活塞式压缩机相比，体积小 40%，质量减轻 15%，且无吸排气阀损失，无余隙容积，对液击不敏感，振动小，噪声低。同时，采用了轴向和径向的柔性密封，减少了泄漏损失。这大大提高涡旋式压缩机的容积效率，其容积效率一般在 0.95 ~ 0.98，比活塞式压缩机的容积效率提高约 10%。故涡旋式压缩机在小型热泵机组中的应用越来越广泛，所以系统选用涡旋式压缩机。

（二）换热器优化匹配

系统中包括三个换热器：一个空调换热器，一个热水换热器，一个风冷换热器。空调换热器夏季用来制取 7 ℃ ~ 12 ℃ 的冷冻水，冬季用来制取 50 ℃ ~ 45 ℃ 的低温热水，输送到末端给房间供冷供暖，热水换热器全年用来制取生活热水，冷风换热器在夏季当作冷凝器，将热量释放到空气中，冬季及过渡季节用来吸收低品位的空气能加热供暖及生活热水。对于散热器的类型，考虑到各自换热器的介质及条件，风冷换热器采用翅片换热器、空调换热器及热水换热器采用板式换热器。

1. 风冷换热器的优化匹配

风冷冷凝器在制冷工况模式下，将在室内吸收的热量排放到周围环境中；而在制热工况时则是作为蒸发器，吸收周围环境中的热量为室内供暖。

翅片采用亲水波纹铝箔，冬季作蒸发器使用时水珠形成后，由于铝箔的亲水性，水珠不易在蒸发器上停留，不会形成水桥，避免换热器冬季结冰，确保空调整机的正常运行。采用波纹铝箔，风通过换热器时，不能像通过平板式铝箔换热器时那样顺畅，而是顺着换热器铝箔的波纹扭动式通过，从而尽可能大地带走了换热器上的冷（热）量，充分提高散热器的换热能力。不采用百叶窗翅片，是避免室外灰尘等脏物堵塞翅片。

2. 空调换热器的优化匹配

空调换热器采用板式换热器。由于板式换热器传热系数高，为一般壳管式换热器的 3 ~ 5 倍；对流平均温差大，末端温差小；结构紧凑，占地面积小，体积仅为壳管式的 1/5 ~ 1/10；质量轻，仅为壳管式的 1/5 左右；价格低廉，换热面积大；清洗方便，易改变换热面积及流程组合，适应性较强，系统采用逆流式板式换热器作为水冷冷凝器。

（三）蓄热水箱的优化匹配

由于空调负荷与热水负荷具有不同步性，为了解负荷不平衡问题，使冷凝热回收热泵系统安全高效地运行，用蓄热水箱解决空调冷凝热负荷与热水供应负荷之间日逐时的波动不平衡问题，延长空调冷凝热的利用时间，从而达到最佳的节能效果。

当夜间需要用热水的时候，若系统即时产水量无法满足供水要求，或者此时系统制取的热水量小于生活热水用水量，设置蓄热水箱来满足热水用水量的需要。当空调冷凝热回收机组制备热水量大于生活热水消耗量时，富余部分的热水进入蓄热水箱储存起来。

水箱容积与许多因素有关，如：机组的运行方式、用户的类型、用水方式、用水量等。从空调负荷与热水负荷特性分析可知，明显存在一个最佳的设计容量值，既可以使机组满足生活热水供应的需求，又能在空调期内的绝大部分时间启动机组，最大限度地利用机组的冷凝热。当然空调在夏季运行时，其冷凝负荷一般都要大于用户的热水负荷，没有必要将空调冷凝热完全回收。

空调在运行时间，热水耗量约占全天热水供应量的 63% 以上，而在空闲的时间，热水耗量约占全天热水供应量的 37%，因此，在设计蓄热水箱容积时，应考虑在空调不运行的时间热水的蓄存量。同时，又要考虑在空调运行时间其容积能够满足用户最大的用水量需求。对于典型的四口之家平均每天的用热水量为 320 L，在总的用水量当中，最大连续用水量莫过于用户淋浴水量，根据相关的调查，淋浴用水量为 5 ~ 8 L/（min·人），淋浴时间 10 ~ 15 min，故而每个人的淋浴最大用水量大约为 120 L 左右，淋浴适合温度为 40 ~ 45 ℃。因此，对于典型的四口之家，其蓄热装置应该要容纳 160 L 左右的水量。

第六章 数据中心机房侧冷源设备及系统设计

数据中心全年不间断高效冷却的主要途径有过渡季节和冬季时冷源侧自然冷源的综合利用，以及高品位余热（如电厂的余热）驱动溴化锂主机制冷。

第一节 数据中心冷源系统介绍

随着节能技术在数据中心越来越受到重视，数据中心基础设施的节能设计及节能技术得到了前所未有的高速发展，数据中心的冷源形式也在传统冷源形式的基础上得到了极大的丰富。不同的数据中心容量、建筑结构、选址的气候条件及自然资源，不同的成本及节能目标诉求，不同的建设水平及运维能力，均有不同的最佳冷源形式与之对应。不同的冷源形式均具有不同的价值及适应性，不存在绝对好的冷源形式，"适合的就是最好"是选择数据中心冷源形式的最佳标准。

数据中心冷源系统的任务是提供一定的传热温差，将 IT 设备散发的热量从室内搬运到室外。数据中心的服务器需长期可靠运行，数据中心空调系统必须具备常年不间断制冷的能力，因此，空调系统可靠、稳定地运行尤为重要。机房空调系统的可靠性、稳定性主要取决于空调冷源系统的可靠性，而空调冷源系统的可靠性主要取决于制冷系统，特别是其中的运动部件，如：压缩机等的性能。

目前，数据中心冷源系统按照其冷凝方式可分为风冷系统、水冷系统和蒸发冷却系统。从冷源来源上可分为机械制冷系统和自然冷源系统，机械制冷主要是指通过机械制冷设备提供冷量的冷源，自然冷源主要是指利用自然界的天然冷源来提供冷量。冷源可分为集中式冷源和分布式冷源，集中式冷源是指冷源设备集中设置，然后通过管道输送系统按需输送到负荷区域；分布式冷源是指冷源设备按区域进行分散布置。从冷源的应用价值上可分为传统型冷源和创新型冷源：传统型冷源是多年来广泛应用于数据中心并经过实际应用检验的已投入规模化生产的冷源，具有普遍应用价值，在稳定性和普遍性方面有优势；创新型冷源是为了满足少数数据中心的特定需求而定制的冷源，具有个性化应用价值，在个性化和客户定制化方面有优势，而在普及推广方面有一定的劣势。一般来说，水冷系统 COP 大于风冷系统 COP，自然冷源系统的能耗低于机械制冷系统的能耗。

数据中心冷源形式的分类见表 6-1。

表 6-1 数据中心冷源形式的分类

分类维度	类别		代表性产品及方案
冷源来源	机械冷源	冷水机组	风冷冷水机组、带自然冷风冷冷水机组、水冷冷水机组、模块化风冷冷水机组
		单元式直膨制冷空调机组	风冷机房空调、水冷机房空调、风冷冷冻水双冷源机房空调、水冷冷冻水双冷源机房空调
		带自然冷单元式直膨制冷空调机组	风冷自然冷机房空调、水冷自然冷机房空调、氟泵自然冷机房空调、乙二醇自然冷机房空调
	自然冷源	风侧自然冷源	新风空调一体机、智能新风机组、间接蒸发冷却机组、直接蒸发冷却机组、风墙 AHU（Fanwall）、组合式新风空调风柜（SupperNap）、热转轮换热机组
		水侧自然冷源	带自然冷风冷冷水机组、冷却塔自然冷供冷
		氟侧自然冷源	氟泵自然冷机组、热管机组
		自然水冷源	自然水冷源直接冷却方案、自然水冷源间接冷却方案
		土壤及岩洞冷源	岩洞冷却方案、地源换热冷水方案
冷源区域	集中式冷源	冷水机组集中制冷站	冷水机组、冷却塔、冷冻水泵、冷却水泵、板式换热器、蓄冷装置
		自然水冷源集中供冷站	水泵泵站、水净化系统、热回收系统、DDC 智能控制系统等
	分布式冷源	单元式直膨制冷空调机组	风冷机房空调、水冷机房空调、风冷冷冻水双冷源机房空调、水冷冷冻水双冷源机房空调
		模块化分布式制冷机组	模块化冷水机组、模块化氟冷机组
		自带冷源分布式空气处理单元	空气处理单元 AHU（DX）、间接蒸发冷却模块（DX、热管）、直接蒸发冷却模块（DX、热管）、组合式新风空调风柜（DX、热管）、热转轮换热机组
		天然气分布式能源系统	天然气内燃机

续表

分类维度	类别		代表性产品及方案
应用价值	传统型冷源	机械冷源	冷水机组、带自然冷冷水机组、单元式直膨制冷空调机组、带自然冷单元式直膨制冷空调机组
		部分自然冷源	新风空调一体机、智能新风机组、智能新风换热机组、湿膜/水帘新风机组、冷却塔自然冷供冷、热管机组
应用价值	创新型冷源	风侧自然冷源	间接蒸发冷却机组、直接蒸发冷却机组、风墙 AHU（Fanwall）、组合式新风空调风柜（SupperNap）、热转轮换热机组
		氟侧自然冷源	模块化氟泵自然冷机组
		自然水冷源	自然水冷源直接冷却方案、自然水冷源间接冷却方案
		土壤及岩洞冷源	岩洞冷却方案、地源换热冷水方案

一、机械制冷系统

机械制冷系统是依靠压缩机做功提供额外的传热温差来完成数据机房热量的搬运的。常见的机械制冷系统包括风冷机组和水冷机组，其特点如下：

（一）风冷机组

系统简单紧凑，控制方便，但效率较低，其运行状况与环境的干球温度相关度比较大，而且性能变化受环境温度的影响较大。

（二）水冷机组

系统效率较高，但系统较复杂，须配置冷却水系统，适用于大中型数据中心。其运行状况与环境的湿球温度和冷却水系统的换热相关，因此，需要将水冷机组与其配套的水泵、冷却塔及相应的连接管路一起考虑；并要考虑冷却塔、冷却水泵的匹配选型和运行控制。同时，需要设计低温工况制冷的运行方式和防冻措施。

二、自然冷源系统

自然冷源系统是利用温度低于室温的空气、水或者其他介质（称为自然冷源）带走IT 设备散发的热量。这种空调方式不需要启动压缩机，通常依靠输配部件（泵、风机）即可完成机房排热，节能高效。一般情况下，在自然冷源系统无法满足机房制冷需求时，须和其他系统（如机械制冷系统）共同为机房提供冷量。常见的数据中心自然冷源系统包括直接通风系统、热回收装置和蒸发冷却系统等，其主要特点如下：

（一）直接通风系统

效率高，但受空气品质的影响较大，难以保证室内湿度和空气洁净度，一般需要额外配置湿度处理设备和过滤设备。直接通风系统通常用于自然环境较好的地区。

（二）热回收装置

机房室内空气与室外空气间接换热，避免室内外空气直接接触，不受室外空气品质的影响。目前，常见的热回收装置包括间壁式换热器、转轮式换热器和热管换热器等。其中，间壁式和转轮式属于空—空换热器，换热面积较大，占用空间较多，换热效率较低，换热器易堵塞，日常清理维护工作量较大；热管换热器结构紧凑，占用空间小，换热效率高，且日常清理维护较简易。

（三）蒸发冷却

以水作为制冷剂，利用干空气能来实现制冷，减少甚至避免了对电能的消耗。根据被冷却介质的不同，蒸发冷却可以分为风侧蒸发冷却和水侧蒸发冷却；根据被冷却介质是否与水发生直接接触，其又可以分为直接蒸发冷却和间接蒸发冷却。目前，在数据中心冷却系统中采用的水侧直接和间接蒸发冷却为开式和闭式冷却塔。值得注意的是，风侧直接蒸发冷却产出空气的湿度会增加，风侧间接蒸发冷却一般需要与直接膨胀式制冷结合使用，而水侧蒸发冷却需要在环境空气湿球温度较低的条件下运行。

三、分布式能源系统

数据中心不同于一般的民用建筑，电子信息设备及其他辅助设备的发热量大，且全年不间断运行，IT设备的散热量约占总热量的70%以上。因此，IT设备在运行时不仅自身消耗大量电力，同时还需要空调系统带走其散热量，这就需要配电系统为其不间断供电。主机房属于建筑内区，排风量很少，因此受外界气候等条件影响较小，主机房的冷负荷全年变化幅度小。数据中心建筑总冷负荷受围护结构的影响小，全年冷负荷波动范围统计为0.8～1。而且数据中心对制冷的可靠性要求也不同于一般的民用建筑，数据中心内制冷设备严格按照标准配置冗余。数据中心同时用电、用冷负荷较大，且要求严格。基于以上特点，数据中心应用天然气分布式能源系统具有得天独厚的优势。

（一）天然气分布式能源系统在数据中心的应用

目前，对于天然气分布式能源冷热电三联供系统的发电量多余部分，电力能源政策基本为"并网不上网"。数据中心的冷负荷需求，主要是由IT设备等耗电设备散热产生的，因此，冷负荷需求略小于电负荷需求。根据目前数据中心的用能需求，数据机房的电冷比常年约为1.1，燃气内燃机所发电量与对应配套的烟气热水型溴化锂吸收式制冷机组产生的冷量之比约为1.0。因此，若在数据中心内采用天然气分布式能源冷电联供系统将极大地发挥系统优势。

数据中心采用天然气分布式能源系统，在燃气发电机组可获得40%左右的电力，可满足数据中心运行的基本用电负荷，另可使燃气发电机组产生的烟气、热水等余热进入烟气热水型溴化锂吸收式制冷机用于制冷，可以获得与电力相当的冷量，基本可以满足数据中心的冷负荷需求，且常年系统运行稳定，系统匹配可以达到最佳效果，系统的能源综合利用率高达80%以上。相比电制冷机组，在制冷量相同的情况下，烟气热水型溴化锂吸收式制冷机组的耗电量极小，只有为溴化锂溶液提供循环动力的屏蔽泵耗电，且此电力可以忽略不计。这样可以大幅减少制冷设备的耗电量，从而可以大幅缩小PUE值，基本在1.5以下。在必要时采用电网及电制冷机组作为备用系统，可以满足整个数据中心的电负荷及冷负荷需求，可以提高系统设备使用率，就经济性而言，也可节省巨大的运行费用。尤其是在峰谷电价差异明显的地区，系统运行时，可简单计算出相应燃气价格下的发电成本，在发电成本低于市网电价时选择采用分布式能源系统发电，自发自用，用燃气发电机的余热驱动溴化锂机组制冷，用于机房降温；在发电成本高于市网电价时采用市电供电，电网驱动电制冷机组制冷，系统节能性和经济性效果将更加明显。

针对具有峰谷电价差异的地区运行模式如下：

第一，峰电时，采用燃气发电机组供电，节省运行费用，同时采用烟气热水型溴化锂冷水机组利用发电机组余热制冷，进一步降低运行费用。

第二，谷电时，利用市电为系统供电，同时驱动离心式/螺杆式冷水机组为系统供冷，节省运行费用。

（二）发电机组形式的选择

在天然气分布式能源系统中，常见的发电机组主要有四种形式，即燃气轮机、微型燃气轮机、燃气内燃发电机组和柴油发电机组。其中，燃气内燃发电机组适合作为数据中心发电机组。

燃气内燃发电机组是一种以天然气、沼气等可燃气体为能源，使其在气缸内燃烧，将化学能转化为机械能，通过曲轴输出并驱动发电机发电的设备。燃气内燃发电机组单机发电功率一般为 35 ~ 9 500 kW；发电效率较高，一般在 40% 以上；体积小，安装灵活方便；充分利用了天然气或沼气等燃料，污染排放低，经济性高。

燃气内燃发电机组在产生电力的同时，会产生高温烟气和缸套水两种余热，可以驱动烟气热水型溴化锂机组进行制冷，产生的冷量与发电量相当，电冷比约为 1.0，非常符合数据中心的电冷用能需求。燃气发电机组启动迅速，运转稳定可靠，配套烟气热水型溴化锂机组，可同时满足数据中心的电冷需求，并可以大幅提高能源的综合利用率，满足了数据中心的节能需求。目前，先进节能的数据中心均配置燃气内燃发电机组和烟气热水型溴化锂机组。

配置燃气内燃发电机组与烟气热水型溴化锂机组时，为避免燃气内燃发电机组之间排烟相互干扰、缸套水进回水温度不同及流量分配不均匀等问题，按照燃气内燃发电机组与烟气热水型溴化锂机组一对一配置。这样，整个系统运行简单可靠，控制方便，有利于保障数据中心的正常工作。

第二节 制冷设备原理及性能

一、压缩式制冷设备

制冷压缩机是制冷系统中最主要的设备，是决定制冷系统性能优劣的关键部件，对系统的运行效率、噪声、振动、维护和使用寿命等有着直接影响，相当于制冷系统中的"心脏"，常被称为制冷系统中的"主机"，而蒸发器、冷凝器、膨胀阀、储液罐等设备则被称为"辅机"。制冷压缩机的作用：从蒸发器中抽吸制冷剂蒸汽，提高制冷剂压力和温度后将其排向冷凝器，并提供制冷剂在制冷循环中的流动动力。压缩机的种类繁多，总的来说，可以分为两大类：容积型和离心型。容积型压缩机是靠工作腔容积的改变来实现吸气、压缩和排气过程的（如活塞式压缩机和螺杆式压缩机）；离心型压缩机是靠高速旋转的叶轮对蒸汽做功，从而提升压力，并完成输送蒸汽的任务的（如离心式压缩机）。

（一）离心式压缩机

离心式压缩机是依靠动能的变化来提高气体的压力，它由转子与定子等组成。转子是指离心式压缩机的主轴（工作轮），它用来传递动能；定子包括扩压器、弯道、回流器、蜗壳等，它们是用来改变气流的运动方向及把动能转变为压力能的部件。汽轮机或者电动机带动压缩机主轴叶轮转动时，叶片带动气体运动，把功传递给气体，使气体获得动能，在离心力的作用下，气体被甩到工作轮后面的扩压器中。气体因离心作用增加了压力，同时，经扩压器逐渐降低速度，动能转变成静压能，进一步增加压力。如果一个工作叶轮得到的压力不够，可通过使多级叶轮串联工作的方法来达到对出口压力的要求，级间的串联通过弯通、回流器来实现。

空调用离心式制冷机组一般在制取 4 ～ 9 ℃的冷冻水时，采用单级离心式制冷压缩机。单级封闭式离心制冷压缩机主要由叶轮、增速齿轮、电动机、油泵和导叶构成。电动机放置在封闭壳体中，电动机定子和转子的线圈都用制冷剂直接喷液冷却。进口导叶的作用是对离心式制冷机组的制冷量进行连续控制。导叶的旋转会改变气体进入叶轮的入角，从而减少叶轮做功。齿轮采用螺旋齿轮（斜齿轮），在增速箱上部设置有油槽。

压缩机的强制润滑油系统在停机时为防止油温下降而溶解制冷剂，用电加热使油温保持在一定温度。润滑油自油泵经调压阀、油冷却器和过滤器，送至各轴承和增速齿轮进行强制循环。系统外部接有真空压力表，方便检测。

单级离心式压缩机的工作原理是依靠高速旋转的叶轮对气体做功，以提高气体的压力，叶轮进口处形成低压，气体由吸气管不断吸入，蜗壳处形成高压，最后引出压缩机外，完成吸气、压缩、排气过程。

离心式制冷压缩机是离心式制冷机组的关键部件。根据制冷装置所需的低温要求，可以确定所需的冷凝温度和蒸发温度，从而得出所需的能量。当压缩机叶轮吸入无预旋的情况下，一级叶轮的能量头和叶轮圆周速度有关。随着圆周速度的增大，叶轮通道的气流速度也增大，某些局部可能出现声速或超声速。在这种情况下，由于冲击波的影响，气流损失急剧增加，效率下降。一般来说，制冷剂的沸点越低，所能达到的蒸发温度越低。

当单级压缩所产生的最大能量不能满足所需能量时，就应采用多级压缩。多级压缩机组也可以实现降低压缩机的主轴转速、提高压缩机效率等目的。但当压缩机负荷过小时，并不适合使用多级压缩，这会导致能效的浪费并降低压缩机的寿命。

1. 离心式压缩机的优点

（1）离心式压缩机无往复运动部件、动平衡特性好，振动小，基础要求简单。

（2）结构简单，无进排气阀、活塞、气缸等磨损部件，故障少，工作可靠，因此经久耐用，修理运转费用较低。

（3）机组的质量和尺寸小，占地面积小。在相同制冷量的情况下（特别是在制冷量大时），离心式压缩机包括增速齿轮箱在内的质量只有活塞式压缩机的 1/8 ～ 1/5，价格也相对便宜。

（4）机组的运行自动化程度高，制冷量调节范围广，且可连续无级调节，经济方便。

（5）易于实现多级压缩和节流，制冷剂蒸汽在引入压缩机中间级时可得到完全的中间冷却，并可在各蒸发器中得到几种蒸发温度。

（6）润滑油与制冷剂基本上不接触，从而提高了冷凝器和蒸发器的换热性能。

2. 离心式压缩机的缺点

（1）单机容量不能太小，否则会使气流流道太窄而影响流动效率。

（2）因依靠动能转化成压力能，速度又受到材料强度等因素的限制，故单级压缩机的压力比不大。为了得到较高的压力比需要采用多级压缩机，同时一般需要增速传动，对开启式机组还要有轴端密封，这些均增加了结构上的复杂性和制造上的困难。

（3）当冷凝压力太高或制冷负荷太低时，机器会发生喘振而不能正常工作。

（4）由于一般离心式压缩机的效率比活塞式压缩机低，为了保证叶轮有一定的出口宽度，制冷量不能太小，否则还会大大降低机器的效率。

（二）高压离心式压缩机

随着我国电力系统的不断发展，越来越多的中高压设备被应用到了各种大型项目中。因机组的输入电压与供电系统电压一致，所以可直接接入供电系统，省去了供配电系统的设备投资。同时，由于机组的输入电压高、运行电流小、启动电流低，在供电系统允许的条件下，10 kV 封闭式高压离心式水冷冷水机组可以采用直接启动的方式进行启动。常见的 50Hz 中高压电压等级有 3 kV/3.3 kV、6 kV/3.3 kV/6.6 kV、10 kV/11 kV 等。

高压离心式水冷冷水机组与低压离心式水冷冷水机组的主要区别在电动机上，其余部分均相同。高压离心式压缩机也分为封闭式和开启式。由于设计的不同，开启式高压离心式水冷冷水机组电动机的堵转电流为其额定电流的 7 ~ 8 倍，而封闭式高压离心式水冷冷水机组电动机的堵转电流仅为其额定电流的 4 ~ 5 倍。因此，如采用同一种启动方式，封闭式高压离心式水冷冷水机组电动机的启动电流，会比开启式高压离心式水冷冷水机组电动机的启动电流小很多。

高压离心式冷水机组的常用启动方式有直接启动、一次侧电抗启动、自耦变压器启动和固态软启动。

1. 直接启动

直接启动是最简单的启动方式。当电动机启动时，全电压施加在电动机上，启动时间很短，通常只有几秒钟。这种启动方式的特点是非常可靠，设备维护简单，因此，常用于

10 kV 封闭式高压离心式水冷冷水机组的启动。相对于其他降压启动方式，直接启动的启动电流相对较大，对电网的容量有一定的要求。但对于封闭式高压离心式水冷冷水机组来说，由于封闭式电动机本身的堵转电流较开启式电动机要小得多，因此即使采用了直接启动方式，其启动电流仍小于或相当于开启式电动机采用降压启动方式时的启动电流。对使用者来说，能够采用直接启动方式的应尽量选用这种启动方式，这不但降低了初投资费用，而且今后的维护费用也相对较低。

2. 一次侧电抗启动

对于不能采用直接启动方式的项目，如对电网压降有较高要求或采用开启式电动机等情况，可采用一次侧电抗启动的方式。这种启动方式的特点是有一组或多组电抗器。串接的电抗器起限流作用，但同时降低了电动机的启动转矩。当电动机增速至全速后，旁路接触器将电抗器旁通。一次侧电抗启动柜一般具有 50%、65% 和 80% 的抽头来满足不同负荷的需要。由于需要通过两个接触器来执行，其电路要比直接启动方式的复杂，常被用于 3 ~ 6kV 封闭式高压离心式冷水机组的启动或 10kV 开启式高压离心式冷水机组的启动。

3. 自耦变压器启动

对于采用一次侧电抗启动仍不能满足启动要求的项目，可采用自耦变压器启动的方式。这种启动方式的特点是有一组或多组自耦变压器，自耦变压器可降低加在电动机上的电压。自耦变压器启动柜一般具有 50%、65% 和 80% 的抽头来满足不同负荷的需要。由于需要通过三个接触器来执行，其电路要比一次侧电抗启动方式复杂，常被用于 3 ~ 10 kV 开启式高压离心式冷水机组的启动。

4. 固态软启动

随着电子技术的不断成熟，高压固态软启动逐渐被应用在高压离心式水冷冷水机组中。这种启动方式的特点是采用晶闸管交流调压器，通过改变晶闸管的触发角来调节输出电压。它的输出是一个平滑的升压过程，具有限流功能，限流值高时，加速时间短；限流值低时，则加速时间长。这种启动方式没有切换过程，不存在电流或转矩的冲击。在实际应用中，负荷增加，加速时间就会变长；负荷减小，加速时间就会缩短。

（三）磁悬浮变频离心式压缩机

在传统的离心式压缩机中，机械轴承是必需的部件，并且需要有润滑油及润滑油循环系统来保证机械轴承的工作。磁悬浮轴承是利用磁力作用将转子悬浮于空中，使转子与定子之间没有机械接触。与传统的轴承相比，磁悬浮轴承不存在机械接触，转子可以以很高的转速运行，具有机械磨损小、噪声小、寿命长、无须润滑、无油污染等优点，特别适用于高速场合。

磁悬浮压缩机大致可分为压缩部分、电动机部分、磁悬浮轴承及控制器、变频控制部分。其中，压缩部分由两级离心叶轮和进口导叶组成，两级叶轮中间预留补气口，可实现中间补气的两级压缩。

磁悬浮变频离心式压缩机的核心部件是数字控制的磁悬浮轴承系统，磁悬浮轴承包括两组径向轴承和一组轴向轴承，其中径向轴承使转轴和离心叶轮保持悬浮状态，而轴向轴承则用于平衡转轴和叶轮的轴向位移。在任何时候，数字控制的磁轴承系统都可确保转轴和叶轮与周围的机械结构不会发生直接接触。

磁悬浮技术的优势如下：

（1）变频驱动的高效磁悬浮无油离心式压缩机无油润滑磁悬浮轴承，无任何接触，无须润滑油系统，无换热器油膜热阻，可提高蒸发、冷凝换热效率，提升机组运行效率，增加机组可靠性，保养简单方便。

（2）内置变频器，使压缩机可在部分负荷下实现变速运行，从而实现部分负荷时高效运行，降低了运行费用；自带软启动功能，降低了机组启动电流，减少了对电网的冲击。

（3）永磁同步电动机采用液态制冷剂喷淋冷却，运行效率高。

（4）磁悬浮离心压缩机的质量只有同规格螺杆式压缩机的1/50。

（5）转速调节范围为2 000～48 000r/min。

（6）无喘振问题。

（7）超低噪声及振动。磁悬浮压缩机主轴高速运转，其与轴承不发生机械接触，故机组无论是处于部分负荷还是满负荷状态下，机组噪声及振动都非常低。

（8）压缩机转子和叶轮在运行时悬浮在磁性系统中，安装在磁性轴承上的传感器不断地把实时情况反馈给轴承控制系统，适时调整轴承，确保转子实时精确定位并保持在中心位置，使其始终运行在最佳状态下，实现无油运行。

（9）无油润滑磁悬浮轴承使压缩机运行安静、可靠，无油运行消除了复杂的油路系统，减少了运行问题，降低了维护费用，提高了机组的可靠性和经济性。

（四）螺杆式压缩机

螺杆式压缩机是依靠容积的改变来压缩气体的，它主要由两个啮合的转子（螺杆）、吸排气端座、平衡活塞、能量调节机构、轴承、联轴器、壳体等部件组成。其中，两个啮合的转子是核心部件，也称阴阳转子，具有凸形齿的转子叫阳转子，具有凹形齿的转子叫阴转子。转子齿形均沿螺杆轴向成螺旋形。当两个转子反向回转时，像一对螺旋齿轮一样互相啮合，使两螺杆形成的齿空间随螺杆回转，沿轴向产生容积和位移的变化，将气体制冷剂从一端吸入，经过压缩机后再从另一端排出而完成压缩过程。整个工作过程可分为吸气、压缩和排气三个阶段。

阴阳转子各有一个基元容积，共同组成一对基元容积，当该基元容积与吸入口相通时，气体经吸入口进入该基元容积对。由于螺杆回转，使得齿间基元容积不断扩大，自蒸发器来的制冷剂气体由入口不断地被吸入，这一过程称为吸气过程。随着螺杆继续转动，齿间基元容积达到最大值，并超过吸入孔口位置，与吸入孔口断开，吸气过程结束，压缩过程开始。之后螺杆继续回转，两个孤立的齿间基元容积相互连通，随着两转子的相互啮合，基元容积不断缩小，气体受到压缩，直到基元容积与排气孔口相通的一瞬间为止，完成压缩过程，排气过程开始。基元容积对内被压缩的气体通过排气口逐渐进入排气管道，直至两个齿完全啮合、基元容积对的容积为零为止，完成排气过程。

一对转子可以组成多个基元容积对，彼此由空间封闭的啮合接触线隔开。每一对基元容积内的压力不同，各自完成自己的吸气、压缩和排气过程，如此往复循环。由于螺杆压缩机的转速较高，其工作过程可近似为连续的工作过程。

螺杆式压缩机就气体压缩的原理而言，属于容积型压缩机，但其运动形式与离心式压缩机类似，转子做高速旋转运动。

1. 螺杆式压缩机的优点

（1）单位制冷量的体积小、质量小、占地面积小、输气脉动小。

（2）没有吸、排气阀和活塞环等易损部件，结构简单，运行可靠，使用寿命长。

（3）因向气缸中喷油，可起到冷却、密封和润滑作用，故排气温度低（不高于 90 ℃）。

（4）没有往复运动部件，不存在不平衡质量惯性力和力矩，对基础要求低，可提高转速。

（5）输气量几乎不受排气压力的影响。

（6）对湿行程不敏感，易于操作管理。

（7）没有余隙容积，也不存在吸气阀片及弹簧等的阻力，容积效率较高。

（8）输气量调节范围广，小流量时也不会出现喘振现象。

2. 螺杆式压缩机的缺点

（1）需要油泵供油，油路系统复杂。

（2）内压比固定，存在压缩不足或过度压缩的可能性。

（3）转子加工精度要求高，加工难度大。

（五）活塞式压缩机

活塞式压缩机又称往复式压缩机，由气缸体和曲轴箱体组成。气缸体中装有活塞，曲轴箱中装有曲轴，通过连杆连接曲轴和活塞，在气缸顶部装有吸气阀和排气阀，分别通过吸气腔和排气腔与吸气管和排气管相连。原动机带动曲轴旋转，通过连杆传动带动活塞在气缸内做上下往复运动，完成吸气、压缩和排气等过程。

活塞式压缩机的工作循环可分为四个过程，分别是吸气过程、压缩过程、排气过程和膨胀过程。活塞向下移动，气缸内气体的压力降低，其与吸气腔内气体的压力差推开吸气阀，吸气腔内的气体进入气缸，直至活塞运动到下止点时吸气过程结束。活塞在曲轴—连杆机构的带动下开始向上移动，此时吸气阀关闭，气缸工作容积逐渐减小，气缸内的气体被压缩，温度和压力逐渐升高，当活塞向上移动到一定位置时，排气阀打开，压缩过程结束，排气过程开始。活塞继续向上运动，气缸内气体的压力不再升高，气体不断通过排气阀进入排气腔经排气管流出，直到活塞运动至上止点时排气过程结束。当活塞运动到上止点时，由于压缩机的结构及制造工艺等原因，气缸中仍有一些空间，该空间的容积被称为余隙容积。排气过程结束时，余隙容积中的气体为高压气体，此时活塞向下移动，排气阀关闭，吸气腔内的低压气体不能立即进入气缸，此时余隙容积中高压气体由于膨胀压力而逐渐下降，直至其压力低于吸气腔内气体的压力时，吸气阀打开，直到即将进行吸气过程为止，该过程称为膨胀过程。

1. 活塞式压缩机的优点

（1）热效率较高，单位制冷量耗电量较少，特别是在偏离设计工况运行时更为明显。

（2）系统装置简单，对材料要求低，多为普通钢铁材料，加工比较容易，造价低廉。

（3）能适应较广的压力范围和制冷量要求，技术上较为成熟，生产使用上积累了大量丰富的经验。

2. 活塞式压缩机的缺点

（1）转速受到限制，单机输气量大时，机器十分笨重，且电动机体积也相应增大。

（2）含有吸排气阀、活塞等活动部件，易损件较多，维修工作量大。

（3）机组运行时振动较大。

（4）受工作模式的限制，输气不连续，气体压力存在波动。

（六）涡旋式压缩机

涡旋式压缩机是由两个具有双函数方程型线的动、静涡盘相互咬合而成的。在吸气、压缩、排气的工作过程中，静盘固定在机架上，动盘由偏心轴驱动并由防自转机构制约，围绕静盘基圆中心，做半径很小的平面转动。气体通过空气滤芯吸入静盘的外围，随着偏心轴的旋转，气体在动、静盘啮合所组成的若干个月牙形压缩腔内被逐步压缩，然后由静盘中心部件的轴向孔连续排出。

1. 涡旋式压缩机的优点

（1）容积效率高。因为涡旋式压缩机没有吸气阀，也无余隙容积，所以吸入的气体能够被完全排出。一般来说，涡旋式压缩机的容积效率可以达到 90% ~ 98%。

（2）工作平稳。涡旋式压缩机工作时，数个不同相位的工作循环在同时进行，前一个工作循环的波峰与后一个工作循环的波谷相叠合，所以总的负载变化很小，压缩机工作非常平稳。

（3）噪声低，振动小。压缩机的噪声主要来源于吸、排气阀的机械撞击和气流脉动。涡旋式压缩机不像往复式压缩机，它没有吸气阀，所以消除了由吸气阀引起的噪声。

（4）零部件少，可靠性高。涡旋式压缩机的关键零部件数量仅为传统活塞式压缩机的 10% 左右。涡旋结构与性能卓越的材料使压缩机最高工作转速达到了 10 000 r/min，而主要部件涡旋盘的相对运动速度只有 0.4 ~ 0.8 m/s，磨损很少，可靠性大为提高。

2. 涡旋式压缩机的缺点

（1）精度要求高，几何公差都在微米级。

（2）无排气阀，变工况性能欠佳。

（3）工作腔不易实施外部冷却，压缩过程中的热量难以排出，因此只能够压缩绝热指数小的气体或者进行内冷却。

（4）大排量涡旋式压缩机难以实现。受齿高限制，排量大，则直径大，不平衡旋转质量随之增大，结构将极其不紧凑且质量会增加。

二、换热设备及辅助设备的原理与性能

在制冷系统中除了需要压缩机以外，还需要换热设备及其他辅助设备，它们包括冷凝器、蒸发器、膨胀阀和冷却塔等。

（一）冷凝器

冷凝器的作用是使制冷压缩机排出的过热蒸汽冷却、冷凝为高压液体。按其冷却方式，可以分为空气冷却式、水冷式和蒸发式。

数据中心中，空气冷却式冷凝器通常为空气强制对流型翅片管式冷凝器，它由一组或几组蛇形管组成，管外套有翅片，制冷剂在管内凝结，空气在轴流风机的作用下横向流过翅片管，带走制冷剂放出的热量。

在水冷式冷凝器中，制冷剂放出的热量由冷却水带走，包括壳管式、套管式、波纹板式等几种形式。其中，壳管式一般为卧式壳管式，适用于大中小型氟利昂制冷装置；套管式一般适用于小型氟利昂制冷装置（制冷量小于 40 kW）；波纹板式广泛适用于模块式冷水机组。与空气冷却式冷凝器相比，水冷式冷凝器结构紧凑，传热系数高。

蒸发式冷凝器利用水的蒸发吸收热量，使管内的制冷剂蒸汽凝结。一般适用于中型氟利昂制冷装置。

（二）蒸发器

蒸发器在制冷系统中和冷凝器同等重要，制冷剂液体在蒸发器中以一定的压力和温度汽化吸收被冷却介质的热量，从而降低被冷却介质的温度以达到制冷的目的。为了使蒸发器效率高、体积小，蒸发器应具有高的传热系数。制冷剂离开蒸发器时不允许有液滴，以防止压缩机出现液击现象。在实际系统中，有时在蒸发器出口处安装气液分离器，以进一步保护压缩机。根据冷却介质的特性，蒸发器可分为冷却液体载冷剂的蒸发器和冷却空气的蒸发器。

冷却液体载冷剂的蒸发器可进一步分为沉浸式和干式蒸发器以及满液式蒸发器。其中，在沉浸式和干式蒸发器中，制冷剂在管内完成蒸发过程，吸热而使管外壳程的载冷剂降温；满液式蒸发器与此相反，载冷剂在管内流动，制冷剂在管外壳程完成蒸发，吸走管内载冷剂的热量而使其降温。这类蒸发器均广泛应用于大中型制冷机组。

冷却空气的蒸发器在数据中心的应用也十分广泛，通常为强制对流式空气冷却器，一般为蛇形管式空气冷却器。其在精密空调中应用较多，管内为氟利昂制冷剂，蒸发管外空气为强制对流，管内制冷剂蒸发吸走管外空气的热量，从而降低空气的温度。

（三）膨胀阀

膨胀阀是目前制冷系统中使用最为广泛的节流机构，它位于冷凝器（储液器）与蒸发器之间，阀的感温包安装在蒸发器制冷剂的出口处。膨胀阀根据其工作原理不同，可分为热力膨胀阀、电子膨胀阀、热电膨胀阀和双向热力膨胀阀等。膨胀阀在制冷系统中的作用主要体现在以下三个方面：

1. 节流降压

制冷剂液体在膨胀阀中经历的是一个等焓膨胀的过程，使高压常温制冷剂液体变成低压低温制冷剂湿蒸汽，其中制冷剂蒸汽量约占制冷剂总量的 10% ~ 30%，并进入蒸发器蒸发，实现向外界吸热的目的。

2. 控制流量

膨胀阀可通过感温包感受蒸发器出口处制冷剂的过热状态，通过监测过热度的变化来控制阀的开度，调节进入蒸发器的制冷剂流量，以适应蒸发器冷负荷的变化。

3. 控制过热度

控制蒸发器出口处制冷剂的过热度，保证蒸发器传热面积得到充分利用，同时防止压缩机出现液击现象。

（四）冷却塔

冷却塔的作用原理是使水、空气上下对流，在对流过程中，部分水汽化吸热和汽水对流换热使循环水冷却。冷却塔主要由塔体、风机、布水器、淋水装置等组成，按功能可分为闭式冷却塔和开式冷却塔。

闭式冷却塔也称为蒸发式冷却塔，它采用间接蒸发冷却技术。其间接蒸发冷却与换热器的结合，导致水汽边界层发生传热传质，并利用水的蒸发带走热量，通过非接触式换热器传递给被冷却介质。由于闭式冷却塔中空气或水不与被冷却介质直接接触，保证了运行水质的安全，洁净的循环水路保证了机组运行效率可保持在较高的水平，系统维护量少，使用寿命长。在冬季室外温度较低的情况下，需要在被冷却水中加入防冻剂，以防止系统结冰。

开式冷却塔通过空气与冷却水直接接触，通过接触传热和蒸发散热把水中的热量传递给空气。由塔内风机带动空气流动，将与水换热后的热气流带出，从而达到冷却的目的。由于冷却水与空气直接接触，空气中的污染物易进入冷却水系统中而污染水质。同时，随着冷却水的不断蒸发消耗，水中盐分浓度逐渐增大，水中微生物繁殖增多，水质恶化。通常为了维持水质干净，可采用化学药剂法、物理水处理法或排水法保证水的质量。开式冷却塔的系统维护较为频繁。此外，在冬季室外气温极低的情况下，开式冷却塔应采取相应的措施防止结冰。

三、溴化锂机组的原理与性能

溴化锂机组以热能为动力，与利用电能作为动力的压缩式制冷机相比，可以明显降低电耗。ASHRAE 提出的对吸收式制冷用于热回收系统的应用导则中指出：用任一过程或热机循环中回收的热量驱动吸收式制冷机组，比直接用初始燃料驱动吸收式制冷机组有着明显的经济效益。所以，目前溴化锂机组主要应用在分布式能源中。

数据中心冷、电需求较大、总负荷具有一定的峰谷差，适合采用溴化锂机组制冷的分布式能源综合供应系统进行冷、电联合供应，这样既能达到节能减排的效果，又能减轻电网压力。

（一）溴化锂机组的原理及分类

与压缩式制冷机不同，吸收式制冷机的工质除了制冷剂外，还要有吸收剂。制冷剂用来产生冷效应，吸收剂用来吸收产生冷效应后的冷剂蒸汽，以实现对制冷剂的"热化学"压缩过程。制冷剂和吸收剂组成工质对。

溴化锂机组采用水作为制冷剂，溴化锂溶液作为吸收剂，利用水在高温真空下蒸发吸热达到制冷的目的。

溴化锂吸收式制冷装置由发生器、冷凝器、蒸发器、吸收器、溶液换热器及溶液泵等设备组成。其工作流程为在发生器中，利用蒸汽（或热水）通过管路对浓度较低的溴化锂溶液进行加热，输入热量为 Q1，由于溶液中水的蒸发温度比溴化锂的蒸发温度低得多，所以稀溶液被加热到一定温度后，溶液中的水首先蒸发为水蒸气，使容器中剩余的溴化锂浓度增加，浓溶液在重力及压差的作用下，经换热器放出热量后，与吸收器中的稀溶液混合，组成中间溶液。发生器中产生的水蒸气进入冷凝器，经冷凝器中的冷却水管，使进入冷凝器的水蒸气不断冷却，水蒸气放出汽化热 Q4 而冷凝为液体，成为冷剂水，然后通过节流装置降压后，进入蒸发器中不断蒸发。蒸发时通过冷水管的管壁吸收冷冻水回水的热量 Q2，使回水得到冷却，成为空调用的冷冻水送至用户并循环使用。蒸发后的制冷剂水蒸气进入吸收器，被正在喷淋的中间溶液所吸收，重新变为稀溶液，吸收过程中放出的溶解热 Q3 则由在吸收器管内流动的冷却水带走。利用这个原理，不断进行循环以达到制冷的目的。

溴化锂吸收式制冷机种类繁多，可以按其用途、驱动热源及其利用方式、低温热源、溶液循环流程，以及机组结构和布置等进行分类，见表 6-2。

表 6-2 溴化锂机组的分类

分类方式	机组名称	分类依据
按用途	冷水机组	供应冷水
	冷热水机组	交替或同时供应冷水和热水
	热泵机组	向低温热源吸热，供应热水或蒸汽
按驱动热源	蒸汽型	以蒸汽的潜热为驱动热源
	直燃型	以燃料的燃烧热为驱动热源
	热水型	以热水的显热为驱动热源
	余热型	以工业余热为驱动热源
	复合热源型	以热水与直燃型复合、热水与蒸汽型复合、蒸汽与直燃型复合为驱动热源
按驱动热源的利用方式	单效	驱动热源在机组内被直接利用一次
	双效	驱动热源在机组内被直接和间接地二次利用
	多效	驱动热源在机组内被直接和间接地多次利用
	多级发生	驱动热源在多个压力不同的发生器内依次被直接利用
按低温热源	冷水机组	向低温热源吸热，输出冷水
	第一类热泵	向低温热源吸热，输出热的温度低于驱动热源
	第二类热泵	向驱动热源吸热，向低温热源放热，输出热的温度高于驱动热源
按溶液循环流程	串联	溶液先进入高压发生器，再进入低压发生器，然后流回吸收器
	倒串联	溶液先进入低压发生器，再进入高压发生器，然后流回吸收器
	并联	溶液同时进入高压发生器和低压发生器，然后流回吸收器
	串并联	溶液同时进入高压发生器和低压发生器，流出高压发生器的溶液再进入低压发生器，然后流回吸收器

分类方式	机组名称	分类依据
按机组结构	单筒	机组的主要换热器布置在　个筒体内
	双筒	机组的主要换热器布置在两个筒体内
按机组结构	三筒	机组的主要换热器布置在三个筒体内
	多筒	机组的主要换热器布置在多个筒体内
按机组布置	卧式	主要筒体的轴线按水平布置
	立式	主要筒体的轴线按垂直布置

（二）溴化锂机组的安全维护与管理

同其他形式的空调机组一样，在实际的工程实例中，经常碰到溴化锂机组的出力达不到设计参数，并且随运行时间的推移，出力逐年下降的现象。溴化锂机组的设计使用寿命仅为 8 ~ 10 年，通常在使用 3 年后，冷量衰减已达到 30% 以上，机组已无法正常满足使用要求。为了延长机组的使用寿命，必须认真做好其维护管理工作。

1. 真空管理

溴化锂机组在运行过程中必须保持高真空状态。为了保证溴化锂机组的真空度，在运行过程中，每周开启真空泵对机组抽真空 30 min 以上。对调节过的阀门，须涂抹螺纹胶，并安装背帽。

2. 冷却水的水质管理

循环冷却水存在的问题是过滤、杀菌灭藻效果不好，使得水中沉积物和污垢过多，冷却水温度过高，影响了冷却效果，造成溴化锂制冷机在运行过程中，其吸收器、冷凝器温度过高，机组运行工况偏离额定数值程度上升。为了保持冷却水的水质，机组运行前，冷却水系统应进行清洗；长期停机时，应将冷却水全部放尽；传热管内表面最好每年清洗一次。

3. 冷剂水的水质管理

制冷运行过程中，冷剂水中会混入溴化锂溶液而被污染，污染严重时机组的性能将大幅度降低，甚至无法正常运行。若冷剂水的密度大于 $1.02 \ g/cm^3$，则应进行再生。再生方法：在冷剂泵运转时，打开冷剂水旁通阀，把蒸发器中被污染的冷剂水旁通到吸收器中，进行蒸发分离。冷剂水被污染的主要原因有溶液循环量过大，发生器液位过高；机组启动初期，蒸汽压力升高得太快，发生器沸腾过于剧烈，将溴化锂溶液带入冷凝器中；冷却水温度太低。应尽快找出冷剂水被污染的原因，并予以解决。

4. 溴化锂溶液的管理

溴化锂溶液的质量直接影响机组的制冷能力。溴化锂溶液的浓度越高，吸收性能越好，但浓度高时容易结晶。因而溶液的浓度必须与循环量等相协调，才能使机组以最佳工况运行。

溴化锂溶液的 pH 值和缓蚀剂的选择是机组防腐蚀的关键，因为腐蚀产生的杂质吸附在换热管表面后会影响换热效果；会堵塞喷嘴、喷淋板孔，从而直接影响喷淋效果；会堵塞管路和屏蔽泵滤网，影响溶液循环量；杂质进入屏蔽泵，会影响屏蔽泵的转动和溶液的流动等。这些后果直接影响溴化锂机组的制冷性能。

5. 传热管管理

蒸发器中的冷剂水断水后，若制冷机继续运转，则会使积存在蒸发器传热管内的冷剂水温度不断下降，直至结冰导致管子冻裂。为防止这种现象发生，应加强运维管理，经常观察各有关运转参数的变化情况，一旦出现不正常征兆，须立即关闭供热。

（三）溴化锂机组在数据中心的应用

大型数据中心的机房不仅需要消耗大量的电，还需要常年供冷以满足设备运行的要求。根据能源"梯级利用"的原则，采用分布式能源方式，溴化锂机组利用发电的余热制冷，提高了数据中心供能的可靠性，达到了节能减排的效果。

现以某数据中心为例，该数据中心有 2 000 个机柜，单机柜功率为 5kW，采用三种方案比较分析分布式能源中溴化锂机组制冷的性能参数。

方案一：采用溴化锂吸收式制冷系统，数据中心冷水出口温度 $t_{cw2} = 12 \ ℃$，冷却水进口温度 $t_{W1} = 32 \ ℃$，发生器热源的饱和蒸汽温度 $t_h = 119.6 \ ℃$。

方案二：采用溴化锂吸收式制冷系统，数据中心冷水出口温度 $t_{cw2} = 7℃$，冷却水进口温度 $t_{W1} = 32 \ ℃$，发生器热源的饱和蒸汽温度 $t_h = 119.6 \ ℃$。

方案三：采用制冷系数 COP=5 的螺杆式机组，数据中心冷水出口温度 $t_{cw2} = 12 \ ℃$，冷却水进口温度 $t_{w1} = 32 \ ℃$。

溴化锂机组在数据中心的应用与其在普通民用建筑中的应用所消耗的冷却水量和标

煤量相差不多。这是因为溴化锂机组在数据中心应用时，提高了冷水的温度，使蒸发温度升高，从而增加了进入吸收器内的水蒸气的焓值，使得吸收器内的单位负荷增加，单位制冷量增加，负荷一定的情况下，制冷剂循环量减少。这两者的综合作用表现为吸收器内的总负荷变化不大，因此所需的冷却水量变化不大。标煤量的分析同冷却水量。

溴化锂机组和螺杆式机组在数据中心的应用中，前者比后者消耗的冷却水量多，原因很明显，因为溴化锂机组中的冷却水要同时给吸收器和冷凝器提供冷量。前者耗煤量约为后者的5倍，从一次能源利用率来看，溴化锂机组比螺杆式机组更耗能。

第三节 制冷设备机组原理及性能

一、风冷型精密冷却设备

（一）风冷型精密冷却设备的工作原理及系统组成

风冷型精密空调属于风冷直膨式空调的一种，它是利用风冷型直膨式冷却机组从房间里吸取热量，通过冷凝器传递到室外空气中的。风冷型直膨式冷却机组的工作原理是利用氟利昂作为冷媒在高温高压的冷凝器中冷凝液化放热，而在低温低压的蒸发器中蒸发气化吸热的热量转移过程。经过蒸发器吸热汽化后的低温低压氟利昂气体被压缩机吸入压缩后变为高温高压的氟利昂气体，接着进入室外冷凝器向相对低温的室外环境放热冷凝为稍高于室外气温的高温高压氟利昂液体，然后再经过膨胀阀（节流阀）节流减压后变为低温低压的液体（也会含少量气体），之后进入室内蒸发器从相对高温的室内环境吸热汽化为稍低于室内环境温度的低温低压氟利昂气体，然后再被吸入压缩机进行如此周而复始的循环。其中，压缩机提供了冷媒循环动力以及创造高温高压气体状态，膨胀阀（节流阀）创造了低温低压液体状态，蒸发器及冷凝器分别提供了冷媒蒸发吸热和冷凝放热的物理变化场所。

风冷型直膨式冷却系统包含由压缩机、蒸发器及风机、冷凝器及风机、膨胀阀、管道及阀等部件组成的制冷系统，由加热器、加湿器组成的温湿度补偿系统，以及由自动控制阀部件、温度及压力传感器、微型计算机控制器等组成的恒温恒湿精确控制系统。

直接体现到风冷型直膨式冷却机组设备上，应为室内机组及风冷室外冷凝器两部分。通常情况下，风冷型直膨式冷却机组的室内机包含制冷系统的压缩机、蒸发器及风机、膨胀阀、加湿器、加热器及自控部分，室外冷凝器则只包含冷凝器及风机等。但也有少数应用环境需要将压缩机安装于室外冷凝器内，这种情况下就需要注意压缩机在冬季室外的润滑油防冻和低温启动问题。

（二）风冷型精密冷却设备的送风方式

风冷型直膨式精密空调室内机一般部署在机房一侧或两侧，机房内的气流组织方式一般采用两种：送风管道上送风方案和架空地板下送风方案。风管上送风方式是指在机房上空敷设送风管道，冷空气通过风管下方开设的送风百叶送出，经IT设备升温后负压返回空调机。该方法的优点在于安装快速，建造成本低；缺点是受到各种线缆排布和建筑层高限制，送风管道截面无法做大，导致风速过高，无法灵活调节送风量。这种送风方式在低热密度的机房中应用较多。

即使是现在，地板下送风也是大量数据中心项目仍在使用和新建采用的一种气流组织方式。这种方式利用架空地板下部空间作为送风静压箱，减小了送风系统动压，增加了静压并稳定了气流。空调机将冷空气送至地板下，通过送风地板通孔送出，由IT设备前端进风口吸入。该方法的优点在于机房内各点送风量可以通过送风地板通孔率调整，同时，数据中心机房线缆和管道可以少量敷设在地板下，以保证美观。其缺点是随着使用需求的增长和调整，地板下敷设的电缆不断增加，将导致送风不畅，甚至存在火灾隐患。

（三）风冷型直膨式精密空调的应用特点、节能技术及注意事项

风冷型直膨式精密空调机组是目前数据中心机房应用中技术最为成熟、应用数量最为庞大的最传统、最经典的机房冷却形式。近半个世纪以来，大量数据机房的应用经验表明，风冷型直膨式冷却机组仍然具备很多其他冷却形式不具备的优势和特点：

（1）风冷型直膨式冷却机组为自带冷源冷却设备，单台机组的故障不会影响其他机组的正常运行。在机房设计配置了N+X的主备配置时，机房冷却系统没有单点故障，任何一台机组的故障均不会影响机房的安全稳定运行。

（2）风冷直膨式冷却机组的整体能效简单明了，单机能效即为整个系统能效，无须复杂的设计计算和复杂的操作运行，能效指标显性且易实现。运行能效几乎与设计能效相同。

（3）可分期按需投入建设和运行，可以根据机房的分期建设速度和负载分期投入速度，灵活地按比例进行机房空调的投资和投入运行，不占用资本成本且运行能效较高。不会出现其他大型冷却系统在部分负荷时"大马拉小车"的低能效现象。

（4）风冷型直膨式冷却机组为氟利昂冷媒系统，机组通过铜管内的氟利昂冷媒联系室内外机组，进出机房的是铜管和氟利昂，无水进机房也无水浸机房的风险。

（5）风冷型直膨式冷却机组的制冷系统为闭式氟利昂冷媒系统，除简单的加热加湿耗材维护外，几乎和普通的家用空调维护难度及工作量相同，维护专业要求及维护成本相对其他冷却形式都要低很多。

（6）风冷型直膨式冷却机组是纯产品化而少工程的设备，在产品使用寿命范围内，可以简便地实现搬迁复用，有利于节约资金。

当然，风冷型直膨式冷却机组也有一些固有的缺点和与数据中心快速发展不相适应的地方。

（1）单元式风冷型直膨式冷却机组的室内机和室外机一一对应，均为分布式布置。在数量较多时，安装于室外会占用较大面积。当室外安装面积有限时，可以考虑采用一拖多形式的集中式室外风冷冷凝器形式。

（2）多台风冷冷凝器集中安装于同一区域，如果设计及安装不合理，极易产生热岛效应。所以，在采用大量风冷冷凝器集中安装于同一区域的设计时，应做相应的防热岛设计和 CFD 热仿真。

（3）多台风冷冷凝器集中安装于同一区域，会出现室外机噪声叠加的问题。如果室外机噪声对毗邻区域有影响，则应采取相应的防振降噪措施。

（4）如果数据机房使用的是普通风冷型直膨式冷却机组，那么机房的整体冷却能效比就不会突破单机能效。目前情况下，普通风冷型直膨式冷却机组的单机能效最高在 3.2 左右，采用变频、换热器优化及智能控制，单机能耗可提高到 6 以上。这给风冷机组提供了新的生命和生机。

（5）风冷型直膨式冷却机组是一种冷源形式相对固化的末端冷却设备，很难进行冷源形式创新和末端形式创新，也很难结合目前比较流行的其他数据机房创新冷却形式。但目前鉴于数据中心的发展和强劲的节能创新需求，风冷型直膨式冷却机组在节能创新方面也开始迈出脚步，如氟泵自然冷、集中式风冷型直膨式冷却机组、大中型集中式氟泵自然冷机组、带风冷型直膨式冷源的间接蒸发冷却机组等。

（6）风冷型直膨式冷却机组为自带冷源冷却设备，普通型产品本身没有设计蓄冷功能，同时单独配置不间断电源应急供电的功率又非常大且无经济性。所以，风冷型直膨式冷却机组很难实现市电中断而持续不间断供冷。

1. 风冷型直膨式冷却机组系统的应用特点

鉴于以上对风冷型直膨式冷却机组优缺点的分析，结合目前国内绝大多数数据机房的应用条件和需求特点，归纳了如下几点风冷型直膨式冷却机组的应用特点：

（1）受分布式室外机占地面积大的限制，普通型风冷型直膨式冷却机组一般比较适合 5 000 m² 以下的中小型数据中心机房和单体面积 5 000 m² 以下的模块化数据中心机楼。

（2）由于具有无单点故障、无水进机房等优点及很难实现不间断持续供冷的缺点，风冷型直膨式冷却机组比较适合应用于安全等级要求较高的 T3 等级以下的数据中心机房。

（3）由于冷源固化特性和设计能效及运行能效较高，风冷型直膨式冷却机组比较适合对整体冷却系统设计能效及运行能效要求较高，且无其他节能创新条件的数据中心机房。

（4）由于风冷型直膨式冷却机组的维护专业难度低、维护工作量少，可由非空调专业的普通 IT 工程师进行维护。所以，此类设备比较适合没有空调专业维护力量或者维护力量比较薄弱的数据中心机房。

（5）风冷型直膨式冷却机组比较适合分期投入建设以及负载分期投入运行的数据中心机房。这样一方面可以节约资金成本，另一方面也可在部分负荷时保持较高的运行能效。

（6）风冷型直膨式冷却机组具有可搬迁复用及快速部署等特点，比较适合临时建设、临时扩容或者短期使用的数据中心机房。

2. 风冷型直膨式冷却机组系统的节能技术

（1）风冷型直膨式冷却机组室内机采用模块化结构设计，压缩机模块独立于风机及蒸发器模块之外，减少风道阻力来提高能效实现节能。

（2）加大风冷型直膨式冷却机组的蒸发器和冷凝器面积或实际使用面积以提高换热效率，由此来提高机组能效实现节能。

（3）在风冷型直膨式冷却机组的基础上增加氟泵自然冷技术，一方面，充分利用自然冷源节能；另一方面，由氟泵增压来提高蒸发压力以及降低冷凝压力，实现压缩机低功率高效运行，从而达到整机全年能效提高而实现节能。

（4）通过应用变频压缩机、EC 风机及电子膨胀阀等，来提高水冷型直膨式冷却机组的运行能效。

（5）设计高效群组控制功能。一方面，通过传感数据与设计数据的对比计算智能判断机房负荷变化趋势，统一指挥群组内空调设备的运行模式，避免群组内各机组间竞争运行的耗能现象；另一方面，通过传感数据与设计数据对比计算智能判断机房负荷需求量，智能启动群组内相应数量的可提供与负荷需求一致的空调机组，按需匹配供冷来实现节能。

（6）应用智能控制技术，精准控制蒸发和冷凝压力，提高能效。

3. 风冷型直膨式冷却机组系统注意事项

（1）风冷型直膨式冷却机组的室内机和室外机之间的距离和高度差是有要求的，为了最大限度地发挥机组能效和制冷量，以及保证制冷系统安全稳定运行。一般要求将机组室内机和室外机之间的铜管单程当量长度控制在 60 m 以内，室外机高于室内机在 25 m 以内，室外机低于室内机在 5 m 以内。如果超过以上要求，需要采取其他特殊设计和手段。

（2）如果较多数量的风冷型直膨式冷却机组的室外冷凝器集中安装于同一区域，需要综合规划室外冷风进风风道和热风出风风道，避免出现室外冷凝器进出风短路和进风不足的现象，有条件的最好能进行 CFD 气流及温度场模拟，防止热岛现象。

（3）风冷型直膨式冷却机组室外冷凝器安装位置和朝向的选择，必须考虑当地的气候风向，室外冷凝器出风方向不可正面逆向气候风向。

（4）风冷型直膨式冷却机组室外冷凝器必须按照当地气候条件进行合理配置，根据当地室外最高干球温度选择室外冷凝器的大小，同时，根据室外最低干球温度决定是否配置低温启动选件。室外冷凝器配置过大或配置过小均会产生不利影响，配置过大极易产生冬季低压报警保护故障，配置过小极易产生夏季高压报警保护故障。

（5）如果数据中心机房现场不具备较多数量室外冷凝器的安装位置条件或者噪声要求条件，可以考虑设计集中式风冷冷凝器或者集中式水冷冷凝器等其他解决室外问题的方式。

（四）风冷型精密冷却设备的分类

1. 新风空调一体机

新风空调一体机是在机房精密空调的基础上增加新风模块，集新风过滤、空调、送风于一体，在一台设备上实现新风与空调制冷的功能。工作时，机组能够根据机房的室内外温差、室内湿度等，自动选择运行模式。

当室外温度较高或者室内负荷较大，自然冷源无法满足基站降温需求时，机组自动切换至空调制冷模式运行。此时，新风阀自动关闭，空调制冷系统开启。当室内外温湿度满足使用需求时，机组关闭空调制冷循环，自动切换进入新风换热模式，利用室外冷源，通过控制新风系统，开启风阀、送风机，引入室外冷空气对基站进行自然冷却，将室内热空气排到室外机组，此时只有送风机的能耗。

2. 热管空调一体机

热管空调一体机可在一台设备上实现热管换热与空调制冷的功能，产品由室内机与室外机组成，通过工质管路连接。工作时，控制器能够根据室内温度、室内外温差等，自动选择热管换热模式或空调制冷模式运行。运行时优先选择热管换热模式，此时机组的能效比达 8.0 以上，当不满足使用需求时，可自动切换至空调制冷运行。机组由压缩机、送风机、冷凝风机、控制器、热力膨胀阀、空调蒸发器、空调冷凝器、干燥过滤器、热管换热器、视液镜等主要部件组成。

二、水冷型直膨式冷却机组

（一）水冷型直膨式冷却机组的工作原理及系统组成

水冷型直膨式冷却机组与风冷型直膨式冷却机组的制冷原理完全相同，只是在冷凝器的冷却方式上采用水冷冷凝器而非风冷冷凝器，从压缩机出来的高温高压气体冷媒通过水冷冷凝器进行氟/水换热冷凝成常温高压的液体，而水冷冷凝器中的冷却水吸热后变为 37℃左右的高温冷却水，由冷却水泵循环输送到室外冷却塔进行显热散热和蒸发散热，37℃左右的高温冷却水向室外大气散热后降温至 32℃左右，然后循环回水冷冷凝器继续进行水/氟换热，如此周而复始地循环。

水冷型直膨式冷却机组的水冷冷凝器有内置和外置两种形式。水冷冷凝器内置的直膨式冷却机组具有设备占地面积小及设备界面简单等优点，但需要引冷却水进机房而产生了水浸机房的安全隐患。外置式是将水冷冷凝器外置于直膨式冷却机组外部即机房外部，冷却水连接到机房外部的水冷冷凝器上，冷凝器氟侧气/液铜管进入机房与室内机组连接。水冷冷凝器外置的直膨式冷却机组具有水不进机房的安全优势，但需要在机房外部设置独立的水冷冷凝器安装区域。

水冷型直膨式冷却机组的冷却水系统主要由水冷型直膨式冷却机组室内机、冷却水泵、冷却塔、阀部件及管道组成，既可以是单台水冷型直膨式冷却机组组成冷却水系统，也可以是多台水冷型直膨式冷却机组组成冷却水系统。

（二）水冷型直膨式冷却机组系统的应用特点、节能技术及使用注意事项

水冷型直膨式冷却机组的主要特点是利用冷却水进行制冷系统冷凝器的散热，冷却水系统的应用特点、节能技术及使用注意事项决定了水冷型直膨式冷却机组的相应方面。

1. 水冷型直膨式冷却机组系统的应用特点

（1）水冷型直膨式冷却机组充分利用了冷却塔的湿球温度进行降温，比较适合应用于我国干球温度较高的干热地区，如"四大火炉"地区、吐鲁番地区及部分南方地区。

（2）由于冷却水系统设计有循环水泵，合理的水泵扬程可以支持长管道输送到室外冷却塔散热，比较适合室外散热位置离直膨式冷却机组室内机较远而无法安装风冷型直膨式冷却机组的应用场合。

（3）由于冷却水系统的室外部分采用的是集中式冷却塔，冷却塔的占地面积及噪声处理相对单元式风冷型直膨式冷却机组的室外机而言有优势，比较适合由于室外机安装位置有限和周边对室外机噪声有较高要求而无法安装风冷型直膨式冷却机组的应用场合。

2. 水冷型直膨式冷却机组系统的节能技术

制冷系统的冷凝器采用水冷的形式确实可以提高压缩机的能效比，相对而言，水冷压缩机的能效高于风冷压缩机。但对于数据中心空调节能而言，是需要综合考虑空调系统所有耗电设备的，水冷系统还应包括冷却塔及冷却水泵的耗电。不同的项目实际现场条件、需求规格、设计水平和风格，均会产生能效完全不同的水冷系统设计。所以，不能认为水冷系统一定会比风冷系统节能，需要针对具体项目进行综合分析比较。

除了机房冷却设备本身与系统其他主设备最佳配合的最优能效设计外，水冷型直膨式冷却机组的冷却水系统还可以在以下几个方面进行节能设计：

（1）冷却水系统的散热能力会随着室外天气变化和室内负荷变化而变化。所以在设计冷却水系统时，可以考虑采用冷却塔风机变频控制及冷却塔群组切换运行来节能。

（2）在室内负荷变化比较大的应用场合，可以考虑对冷却水泵采用变频控制及群组切换运行来节能。在冷却水泵设计了变频控制时，水冷型直膨式冷却机组须设计二通电动调节阀与之进行节能运行配合。

（3）冷却水系统可以设计自然冷的节能运行模式，依靠冷却塔进行冬季供冷。这是目前数据中心最主要的水侧自然冷节能模式，但设计时一定要考虑冬季的防冻问题。同时也可以考虑在水冷型直膨式冷却机组上设计自然冷经济盘管，与外围冷却水自然冷供冷联合使用，以达到节能的目的。

（4）通过应用变频压缩机、EC风机及电子膨胀阀等来提高水冷型直膨式冷却机组的运行能效。

（5）设计高效群组控制功能。一方面，通过传感数据与设计数据对比计算智能判断机房负荷变化趋势，统一指挥群组内空调设备的运行模式，避免群组内各机组间竞争运行的耗能现象；另一方面，通过传感数据与设计数据对比计算智能判断机房负荷需求量，智能启动群组内相应数量的可提供与负荷需求一致的空调机组，按需匹配供冷实现节能。

3. 水冷型直膨式冷却机组系统注意事项

应根据机房的现场情况和等级需要合理设计冷却水系统，具体设计时应注意以下几点：

（1）鉴于水冷型直膨式冷却机组为数据中心重要基础设施设备，冷量的衰减和设备故障均会引起机房故障，在条件允许的情况下，宜设计为闭式冷却水系统，以防止冷却水与外部空气接触而受到污染，进而在水冷冷凝器中结垢，引起冷量衰减和换热器堵塞。同时，为了方便水冷冷凝器结垢后的维护，水冷冷凝器宜采用壳管式水氟换热冷凝器；如果由于安装位置受限而采用了板换式水氟换热冷凝器，则在系统设计时，需要充分考虑板换漏水、除垢和更换等维护问题。

（2）冷却水系统利用了冷却塔的湿球温度来增强其与外部空气的换热能力，这就需要蒸发冷却水来获取较低的湿球温度。一般情况下，冷却塔的每日水消耗量为系统水量的2%左右。系统设计时就应该考虑到冷却水的补水系统设计和应急储水设计问题。

（3）冷却水系统应用在严寒的北方地区时，还须考虑室外部分的防冻问题，管道伴热和使用乙二醇冷介质都是比较可行的办法。还须注意阀门设计和开关式封闭管段的冬季排空问题。

（4）冷却水系统是数据机房水冷型直膨式冷却机组单点故障的关键点，其设计必须与数据中心的等级相吻合，必须满足相关标准的要求。A级或者T3以上等级的机房，冷却水系统必须设计为环路或者双路管道系统。冷却水循环泵必须设计备份。

（5）可将水冷系统设计为乙二醇冷系统应用于北方冬季严寒地区。

三、乙二醇自然冷型冷却机组

（一）乙二醇自然冷型冷却机组的系统组成及工作原理

乙二醇自然冷型冷却机组由室内机、乙二醇泵、干冷器、相关阀部件及管道组成。其室内机部分实际上就是在水冷型直膨式冷却机组的基础上增设了乙二醇经济盘管，经济盘管与水冷冷凝器在乙二醇冷却系统里是并联关系，前端均有电动调节阀控制。乙二醇自然冷型冷却机组有三种运行模式：在冬季室外，由乙二醇循环泵将通过干冷器与室外冷空气进行热交换获取的自然冷冷量输送到室内的经济盘管上给数据机房供冷，属于纯自然冷模式；在夏季又会自动关闭经济盘管，乙二醇自然冷型冷却机组就成了最典型的水冷型直膨式冷却机组，乙二醇溶液通过制冷系统的冷凝器换热后，由乙二醇循环泵输送到室外干冷器向室外散热，然后又回到室内设备的冷凝器中进行换热，如此周而复始地循环，属于纯压缩机制冷模式；过渡季节时，乙二醇循环泵将通过干冷器与室外冷空气进行热交换获取的低温乙二醇按需分配到室内设备的经济盘管中进行自然冷散冷，以及按需分配到水冷冷凝器进行冷凝器散热，各自的流量会根据需求自动调节，属于混合模式。

经济盘管的冷源如果来自自然冷源，此设备就具有自然冷的节能特点；经济盘管的冷源如果来自人工冷源，此设备就具有双冷源的功能。

（二）乙二醇自然冷型冷却机组的应用特点、节能技术及注意事项

乙二醇自然冷型冷却机组同时具备水冷冷却系统、乙二醇溶液及自然冷的特点，既可以实现远距离输送冷却媒介，又可以实现自然冷节能，还具有冬季防冻特点。

1. 乙二醇自然冷型冷却机组系统的应用特点

（1）乙二醇溶液具有防冻性，同时也可以作为冬季运输室外自然冷的载体。所以，乙二醇自然冷型冷却机组比较适合我国东北及西北严寒地区的有自然冷节能需求的数据中心。

（2）乙二醇自然冷型冷却机组中含有乙二醇循环水泵，可以实现乙二醇溶液的长距离高落差输送。所以，乙二醇自然冷型冷却机组比较适合北方地区室外散热位置离室内冷却机组较远而无法安装风冷型直膨式冷却机组的应用场合。

2. 乙二醇自然冷型冷却机组系统的节能技术

乙二醇自然冷型冷却机组的节能技术实际上就是自然冷节能技术，利用室外温度低于冷却设备室内回风温度的温差，通过乙二醇媒介将室外自然冷源运输到数据机房内对设备进行冷却，实现了在过渡季节以及严寒冬季利用自然冷节能。从理论上来讲，只要室外温度低于冷却设备室内回风温度，就可以利用自然冷进行机房供冷。但由于中间增加了乙二醇作为中间媒介来进行室内外传热，这种间接自然冷的形式比直接自然冷的换热温差至少高 2℃，室外温度低于冷却设备室内回风温度的温差越大，自然冷换热效率就越高，自然冷供冷量也就越大。自然冷换热温差、室外低温时长以及室内机组经济盘管大小是决定乙二醇自然冷型冷却机组节能效果和节能量的三个系统性核心因素，三个因素之间有机联系，任何一个因素都不能独立决定节能效果和节能量。

除了设备本身以及与系统其他主设备最佳配合的最优节能设计外，乙二醇自然冷型冷却机组的节能设计还可以从以下几个方面入手：

（1）乙二醇干冷器的散热能力会随着室外天气变化和室内负荷变化而变换。所以在设计乙二醇冷却系统时，可以考虑采用干冷器风机变频控制以及干冷器群组切换运行

来节能。

（2）在室内负荷变化比较大的应用场合，可以考虑对乙二醇循环泵采用变频控制以及群组切换运行来节能。特别注意，在乙二醇循环泵设计了变频控制时，乙二醇自然冷型冷却机组应设计二通电动调节阀与之进行节能运行配合。

（3）提高数据机房回风温度，如从传统的 24 ℃提升到 28 ℃甚至更高，封闭冷通道将回风温度提高到 35 ℃，结合行间空调 35 ℃回风温度，均可增加室外自然冷的使用时长，提高节能量。

（4）加大干冷器盘管及经济盘管的面积，提升自然冷的获取量和在数据机房内的释冷量，从而提高节能量。

（5）通过应用变频压缩机、EC 风机及电子膨胀阀等来提高乙二醇自然冷型冷却机组的运行能效。

3. 乙二醇自然冷型冷却机组系统注意事项

应根据机房的现场情况和等级需要合理设计乙二醇冷却系统，具体设计时应注意以下几点：

（1）鉴于乙二醇溶液的强渗透性和轻微腐蚀性，乙二醇系统管道内需要加防腐剂和抑制剂。同时需要设计乙二醇溶液调配和补充系统。

（2）乙二醇冷却系统是数据机房乙二醇自然冷型冷却机组单点故障的关键点，其设计必须与数据中心的等级相吻合，必须满足相关标准的要求。A级或者T3以上等级的机房，乙二醇冷却系统必须设计环路或者双路管道系统，乙二醇循环泵必须设计备份。

（3）乙二醇冷却系统应用于北方冬季严寒地区时需要避免结冻，乙二醇浓度的设计必须结合当地气候条件，保持室外最低气温高于乙二醇溶液的冰点，并在系统中设计乙二醇溶液调配和补液装置。

四、冷冻水型冷却机组

（一）冷冻水型冷却机组的系统组成及工作原理

冷冻水型冷却机组实际上是一种应用于数据机房的空调末端形式，其冷量来自外部冷源提供的冷冻水，外部冷源既可以是集中式人工冷源（如风冷冷水机组、水冷冷水机组等），也可以是集中式自然水冷源（如湖水、海水等）。外部冷源提供 7 ~ 15 ℃的冷冻水供水，经过冷冻水型冷却机组内表冷器与机房内热空气换热后，温度升高5℃左右后回到外部冷源重新被冷却为 7 ~ 15 ℃的冷冻水再供出，如此周而复始地循环。冷冻水型冷却机组通过调节二通或者三通电动阀来调节其冷冻水流量，以提供相应的冷量来适应机房热负荷的变化。

常规冷冻水型冷却系统主要由风冷冷水机组或水冷冷水机组、冷冻水型冷却机组、冷冻水泵、冷却水泵及冷却塔（用于水冷冷水机组）、相关的管道阀部件及水管管道组成。

整个水系统的设计形式也与机房实际需求、机房实际条件及设计师水平相关，没有绝对好或者放之四海而皆准的水系统形式。目前，比较流行的几种空调水系统形式如下：

1. 异程式

异程式是指经过每一并联环路的管长均不相等，即每一并联环路的水阻力均不相同。异程式管路系统适用于中小型且子系统末端设备不多的系统，其系统末端均衡性较差，对系统水力平衡设计要求较高，但管路简单、系统总阻力较小。

2. 同程式

同程式是指经过每一并联环路的管长基本相等，即每一并联环路的水阻力基本相同。同程式管路系统适用于中大型且子系统末端设备较多的系统，系统末端均衡性较好，但系统管道总阻力及投资均会增加，管路较复杂，水泵扬程也会增加。

3. 单管路

系统总管及连接到机房末端设备的管道均为一套（一供一回），有两根管道，系统管路简单，施工方便。但其应用于数据中心机房有单点故障风险。单管路系统适用于安全等级要求不高或者不影响机房整体重要性的机房。

4. 双管路

系统总管及连接到机房末端设备的管道均为两套（两供两回），有四根管道，两套管路系统相互独立。系统运行时，既可以两路管路系统同时供水，各自承担50%的负载运行；也可以两路管路系统按照一主一备的方式切换运行。系统管路复杂，造价昂贵。双管路系统设计避免了单点故障风险，适用于安全等级要求高的机房。双管路系统的本质意义就是两套管路系统相互独立，而非仅仅是实现了两供两回的四根管道设计，读者在此要注意分辨。

5. 环管路

连接到系统主设备及机房末端设备的主供回水管道均是环形管网，在每个设备接入环形管网的节点前后均设有阀门。在环形管网中，任一节点发生故障或漏水时，只要关断临近故障点侧的阀门即可，不影响本环形管网系统的正常运行。环形管网系统是解决单点故障的局部解决方案，但不能系统性地解决单点故障问题，需要与双管路系统或者其他方式联合运用才能完全解决单点故障。由于每个设备接入环网节点前后均须设计阀门，因此环路管网系统的阀门用量非常大；环路管网是同尺寸环形管道，所以每个阀门也是与环网管道同尺寸的大阀门。管道系统设计及施工复杂，管路阻力增加，管路及阀门投资偏大，管路系统维护非常复杂，适用于安全等级要求极高且维护能力极强的数据机房。

（二）冷冻水型冷却机组的应用特点、节能技术及使用注意事项

冷冻水型冷却机组实际上是冷冻水系统的末端换热设备，冷冻水系统的应用特点、节能技术，以及使用注意事项也就决定了冷冻水型冷却机组的相应方面。

1.冷冻水型冷却机组系统的应用特点

（1）由于冷冻水系统设计、施工及维护都相对复杂和专业，有水进机房的安全性隐患、有缺少投资及运行灵活性等缺点，因此，冷冻水型冷却系统比较适合应用于无法利用风冷型及水冷型分布式冷源，或者单体机房冷冻水供水冷冻水回水面积大于 5 000 m² 的具有专业维护能力的数据中心机房。

（2）由于冷冻水系统的绝大部分内容（管路系统、冷水主机、蓄冷罐、自控等）需要一次性投入建设，冷水机组单机有运行负荷下限要求，因此，冷冻水型冷却系统比较适用于一次性建设完毕并绝大部分负载投入运行的数据中心机房。

（3）由于冷冻水系统的冷水机组、冷却塔及水泵均具有运行负载下限要求及最佳性能点要求，系统运行灵活性较差且最佳性能点较难控制，因此，冷冻水型冷却系统比较适合机房负载运行负荷比较稳定的数据中心机房。

（4）由于冷冻水系统包含了制冷、水暖、配点与控制等多专业，对各专业运维人员的专业理论、专业技能及专业实践均有极高的要求。因此，冷冻水型冷却系统比较适合具有较强运维力量的数据机房。好设计加上好运维，才能使冷冻水型冷却系统真正服务好数据中心机房。

（5）冷冻水系统可以提供 7 ~ 15 ℃的冷冻水供水，可以在外部冷冻水冷源平台上实现节能的创新节能型数据中心机房。比如，接外部冷源的风墙、AHU 及直接或间接新风蒸发冷却方案等。

2.冷冻水型冷却机组系统的节能技术

冷冻水系统一般采用能效比较高的风冷冷水机组或者水冷冷水机组，但对于数据中心空调节能需要综合考虑整个冷冻水系统所有设备的耗电，即考虑的是系统能效比（空调系统总制冷量/空调系统总耗电功率），冷冻水系统耗电还应包括冷却塔、冷却水泵、冷冻水泵、末端等的耗电。不同的项目实际条件、不同的项目需求规格、不同的设计水平和风格，均

会产生能效完全不同的空调系统设计。所以，不能绝对地认为冷冻水系统是最节能的系统，理论和实践证明，水冷型压缩机的能效高于风冷型压缩机，但没有任何理论和实践证明冷冻水空调系统的能效一定最高，需要针对具体项目进行综合分析比较。

除了末端设备及与系统其他主设备最佳配合的最优能效设计外，冷冻水型冷却机组的冷冻水系统还可以从以下几个方面进行节能设计：

（1）设计冷冻水系统时尽量减小管道长度，减少阀门数量，减少环路、二次换热器等阻力设备，尽量减少次级泵、水泵余量、高阻力二次换热器等功耗设备，以保证空调系统的能效比较高。

（2）对于北方地区，冷冻水系统可以充分利用自然冷源，设计带经济盘管的风冷自然冷冷水机组，或者系统设计冷却塔冬季供冷的水冷自然冷空调系统，但需要采取冬季冷冻水防冻措施。

（3）冷冻水系统的冷机单机容量最好能与数据机房的分期负载容量相匹配，系统设计要保证即使是在机房负载容量最小时，都能启动一台带载率在30%以上的冷水机组工作。避免和减少冷水机组低能效和非正常运行。

（4）冷冻水系统的冷水机组、冷冻水泵、冷却水泵及冷却塔风机均设计变频控制系统，能根据室外气候条件及数据中心机房负载变化变频控制运行，实现变频调速节能。在水泵设计了变频控制时，冷冻水型冷却机组应设计二通电动调节阀与之进行节能运行配合。

（5）冷冻水系统的冷水机组、水泵、冷却塔及冷冻水型冷却末端均设计群组控制运行功能，能根据室外气候条件及数据机房负载变化智能决定投入运行数量，实现系统最佳能效运行。

（6）如果数据中心机房负载分期投入，建议设计蓄冷系统。一方面，可以避免冷水机组单机容量过大于机房负载而出现冷水机组喘振和低能效运行问题；另一方面，也可以在部分负载时利用峰谷电价差来实现节费运行。

（7）通过提高冷冻水进出水温度来提高能效。一方面，减少或避免低水温带来的机房冷冻水型冷却末端的低显热比问题；另一方面，通过提高蒸发温度来提高冷水机组能效。但是，在通过提高冷冻水进出水温度来提高冷水机组能效比的同时，也会降低冷冻水的换热能力，这势必会提高冷冻水的流量、冷冻水泵的功率以及冷冻水型冷却末端的成本。所以，提高水温到机房冷冻水型冷却末端可以实现100%显热比供冷后，就需要系统地考虑能效及经济性的最佳切合点。

（8）冷冻水系统可以作为众多节能创新方案的冷源平台，结合蒸发冷却机组、风墙

AHU、组合式新风空调风柜、热转轮换热机组、精确送风等多种节能创新方案实现空调系统整体节能。

（9）通过应用 EC 风机、电动二通阀及空气压差传感器等联合智能控制来实现冷冻水型冷却机组以最佳能效运行。

3. 冷冻水型冷却机组系统注意事项

应根据机房的现场情况和等级需要合理设计冷冻水系统，具体设计时应注意以下几点：

（1）在考虑冷冻水系统的节能性时，需要考虑系统能效比而非单冷水机组的能效比。同时，还需要考虑低负载时整个冷冻水系统的运行能效。

（2）设计冷冻水系统时，应充分考虑冷冻水系统的单点故障问题，单点故障的关键点在系统主设备及其汇接管道及阀门、主管及干管。其设计必须与数据中心的等级设计相吻合，必须满足相关标准的要求。对于 A 级或者 T3 以上等级的机房，系统主设备必须设计备份，汇接管道必须设计备份或环管，主管及干管必须设计备份或环管。

（3）冷冻水系统是变流量系统，冷却末端设备需要设计二通阀与之配合；冷冻水系统是定流量系统，冷却末端设备需要设计三通阀与之配合。

（4）在北方地区，冷冻水系统的室外部分必须考虑采用防冻设计。管道伴热和使用乙二醇冷介质都是比较可行的办法，还须注意阀门设计和开关式封闭管段的冬季排空问题。

五、双冷源主机设备

（一）双冷源型冷却机组的系统组成及工作原理

双冷源型冷却机组就是具有两个冷源来源的末端冷却设备。它一方面可以避免单冷源的单点故障问题；另一方面也可以充分利用双冷源中的廉价冷源。在数据中心行业，双冷源型冷却机组的冷源一般是自带直膨式（DX）冷源和经济盘管外接外部冷源这两种独立冷源。目前，比较常见的双冷源型冷却机组主要有风冷 + 冷冻水、水冷 + 冷冻水、风冷 + 自然冷、冷冻水双盘管等类型，其中，冷冻水既可以来自冷机，也可以来自自然冷冷源。

（二）双冷源型冷却机组的应用特点、节能技术及注意事项

双冷源型冷却机组的主要应用价值是节能和安全，其应用特点、节能技术及使用注意事项全部取决于其冷源的特性和应用价值取向。

1. 双冷源型冷却机组的应用特点

（1）适用于安全等级要求极高，且整个空调系统设计有双路冷冻水冷源的大型数据中心机房。

（2）适用于安全等级要求极高、整个空调系统没有设计双路冷冻水冷源，而部分机房又必须保证不间断冷源的数据中心机房。

（3）应用于设置在大型办公楼里的数据中心机房，办公楼自带中央冷冻水。一方面，数据中心机房的物业使用成本里已经包含了中央冷冻水的平摊费用；另一方面，中央冷冻水在晚间及冬季均会关闭供冷。此类机房使用双冷源型冷却机组，既可以充分利用在物业使用成本中已经付出的中央冷冻水费用，又可以在晚间及冬季中央冷冻水关闭时，启动自带直膨式冷源实现持续供冷。

（4）应用于具有自然冷资源的北方地区，数据中心设计有自然冷冷冻水冷源，冬季时充分利用自然冷冷源实现节能，夏季则启动自带直膨式冷源实现供冷。

（5）双冷源型冷却机组具有设备投资较大、接管数量多、维护空间及维护工作量较大等缺点。

2. 双冷源型冷却机组的节能技术

双冷源型冷却机组的节能技术主要体现在其经济盘管的外接冷源上，外接冷源的节能技术基本上就是双冷源型冷却机组的节能技术。

（1）经济盘管外接冷源设计为干冷器自然冷冷源，机组优先利用干冷器自然冷冷源，在干冷器自然冷冷源不能满足机房内热负荷要求时，启动双冷源型冷却机组自带直膨式冷源与干冷器自然冷冷源联合供冷，以减少直膨式制冷系统的耗电。在干冷器自然冷冷源能够完全满足机房内热负荷要求时，关闭直膨式制冷侧压缩机，完全由干冷器自然冷冷源供冷。

（2）经济盘管外接冷源设计为冷却塔自然冷冷源，机组优先利用冷却塔自然冷冷源，在冷却塔自然冷冷源不能满足机房内热负荷要求时，启动双冷源型冷却机组自带直膨式冷源与冷却塔自然冷冷源联合供冷，以减少直膨式制冷系统的耗电。在冷却塔自然冷冷源能够完全满足机房内热负荷要求时，关闭直膨式制冷侧压缩机，完全由冷却塔自然冷冷源供冷。

（3）经济盘管外接冷源设计为自然水冷源，机组优先利用自然水冷源，在自然水冷源不能满足机房内热负荷要求时，启动双冷源型冷却机组自带直膨式冷源与自然水冷源联合供冷，以减少直膨式制冷系统的耗电。在自然水冷源能够完全满足机房内热负荷要求时，关闭直膨式制冷侧压缩机，完全由自然水冷源供冷。

3. 双冷源型冷却机组的注意事项

因为双冷源型冷却机组主要是由直膨式制冷系统加上经济盘管组成的，所以它同时具有直膨式制冷系统以及冷冻水系统的特点。设计及应用时的注意事项也与直膨式制冷系统和冷冻水系统相类似。

（1）如果双冷源型冷却机组的直膨式制冷系统为风冷压缩机制冷系统，设计及应用时就应该正确考虑风冷室外机的安装位置。一般情况下，风冷室外机与室内机之间的单程铜管长度不宜超过 60 m，风冷室外机不宜高过室内机 25 m，风冷室外机不宜低过室内机 5 m。多台风冷室外机安装于同一场地中时，安装距离应严格遵照制造厂商的安装维护要求。

（2）如果双冷源型冷却机组的直膨式制冷系统为水冷压缩机制冷系统，则冷却水系统宜设计为闭式系统，以防止冷却水与外部空气接触而受到污染。如果应用在严寒的北方地区，还须考虑室外部分的防冻问题。管道伴热和使用乙二醇冷介质都是比较可行的办法，还须注意阀门设计和开关式封闭管段式冬季排空问题。

（3）双冷源型冷却机组经济盘管冷冻水冷源若为变流量系统，则需要设计二通阀与之配合；经济盘管冷冻水冷源若为定流量系统，则需要设计三通阀与之配合。在北方地区，冷冻水系统的室外部分必须考虑采用防冻设计。管道伴热和使用乙二醇冷介质都是比较可行的办法，还须注意阀门设计和开关式封闭管段的冬季排空问题。

（4）双冷源型冷却机组为双盘管冷冻水机组时，宜设计为两路冷源同时供冷，各承担 50% 的机房热负荷，以便在一路冷冻水冷源丢失时，另一路冷冻水冷源可以无缝切入持续供冷。

（三）双冷源主机设备分类

空调冷源有很多种，目前，为了保证系统的经济性和安全性，有很多设计成双冷热源或多种冷热源结合使用的案例。下面，分别介绍一种包括风、水双冷却系统的热管装置和包括水冷和冷水主机的一体化双冷源冷冻站。

1. 自然冷源风、水双冷却式热管换热系统

自然冷源风、水双冷却式热管换热系统是在符合热管换热系统工作条件而室外温度正常时，利用风冷和水冷对室外机内散热器的冷却作用，为热管的冷端（即放热端）提供冷源，将热管换热系统中交换出的热量释放到大自然中；当室外气温过低时，关闭室外机的水冷系统以防结冰，利用风冷对室外机内散热器的冷却作用，为热管的冷端（即放热端）提供冷源，将热管换热系统中交换出的热量释放到大自然中。例如，某电信机房系统的运行压力随着温度的变化而变化，运行压力范围为 0.6 ~ 0.85 MPa。

自然冷源风、水双冷却式热管换热系统的特点如下：

（1）采用热管换热技术，全年可利用时间长，全年平均节电率高。

（2）热管换热系统使机房内外只有热量交换，没有空气交换，确保了机房内空气的洁净度和湿度没有变化。

（3）大大缩短原有空调工作时间，延长原有空调使用寿命，节省空调采购投资及维护费用。

（4）工作时没有水进入机房，机房安全更有保障。

（5）无室外空气进入，无须对室外空气进行过滤，系统维护工作量小。

（6）外墙开孔小，施工时灰尘少。

（7）室内机可以采用分布吊装方式，节省机房面积，有效消除局部过热。

（8）远距离换热，室外机可以安装在楼顶。

2. 水冷 + 冷水主机系统

某一体化双源冷冻站是一种可利用自然冷源的模块化冷水机组。系统将制冷主机、冷却塔、冷却水泵、冷冻水泵、高效换热器及控制系统集成在一个模块内。在制冷工况时，冷却塔使冷凝更加充分，以提高机组能效比；自然冷源工况时，完全采用冷却塔冷却。该系统的优点在于去工程化，并适于冷量的远距离输送。

（1）水冷 + 冷水主机双冷源空调系统的运行方式

水冷 + 冷水主机双冷源一体化冷冻站的制冷方法如下：设置温度控制点 T_1 和 T_2，且 $T_1 > T_2$，T_1 为 15 ~ 25 ℃中的某一值，T_2 为 –2 ~ 2 ℃中的某一值。①当室外温度大于 T_1 时，开启水冷机组和冷却塔，此时冷却水在水冷机组和冷却塔之间循环；②当室外温度大于 T_2 且小于或等于 T_1 时，关闭水冷机组，开启冷却塔和中间换热器，此时冷却水在中间换热器和冷却塔之间循环，利用冷却塔内的循环冷却水为中间换热器提供冷量，冷凝风机开启；③当室外环境温度小于或等于 T_2 时，关闭水冷机组和冷却塔的风机，开启冷却塔的喷淋装置和中间换热器。

系统针对机房的不同环境进行独立控制，适用于多种冷源设备，提高了能源利用率。

（2）水冷 + 冷水主机双冷源空调系统的性能和优势

一体化双源冷冻站用水冷代替风冷，换热效能更佳；系统采用了调速风机，风机可以自动调节风量；冷冻站增大了换热器的换热面积，系统的制冷量得到增加；冷冻站采用工业级控制器可以实现全自动控制和多种控制方式调节。

六、氟泵自然冷型冷却机组

(一)氟泵自然冷型冷却机组的系统组成及工作原理

氟泵自然冷型冷却机组是一种利用氟侧自然冷源技术的新型高效节能冷却设备,机组内设置独立的压缩机制冷系统和氟泵自然冷系统。氟泵串联于冷凝器的下游,与压缩机制冷系统共用蒸发器、冷凝器及制冷剂管道系统,压缩机及氟泵均设有旁通阀。压缩机制冷模式时,开启氟泵旁通阀并关闭氟泵;氟泵自然冷模式时,开启压缩机旁通阀并关闭压缩机;混合供冷模式时,关闭压缩机及氟泵旁通阀并开启压缩机及氟泵。

通常情况下,当室外温度 $\geqslant T_{w1}$ 时,氟泵自然冷型冷却机组工作在压缩机制冷模式,机组的运行性能与具有同样制冷系统配置的风冷型直膨式冷却机组相同;当 $T_{w2} \leqslant$ 室外温度 $< T_{w1}$ 时,优先启动氟泵自然冷模式,如果氟泵自然冷冷量小于机房负荷,机组将继续启动压缩机制冷,整机工作在压缩机及氟泵联合运行的混合制冷模式下,此时混合制冷模式的能效比大于压缩机制冷模式的能效比;当室外温度 $< T_{w2}$ 时,氟泵自然冷型冷却机组工作在氟泵自然冷模式。其中 T_{w1} 及 T_{w2} 为机组试验数据,T_{w1} 是混合模式能效比大于或等于压缩机制冷模式能效比临界点的室外温度,T_{w2} 是氟泵自然冷模式供冷量大于或等于压缩机制冷模式制冷量临界点的室外温度。各设备制造商的技术水平不同,其 T_{w1} 及 T_{w2} 对应的室外温度临界点也不同,临界点越高越有利于节能。

氟泵自然冷型冷却机组的节能特性主要体现在以下两点:

1. 氟泵自然冷模式的节能特性

氟泵自然冷模式时,机组投入远小于压缩机功率的氟泵,将不小于压缩机制冷系统制冷量的室外自然冷冷量运输到室内蒸发器上进行换热。氟泵实现了制冷剂在制冷系统中的循环,利用室外自然冷的冷凝过程,然后传输到室内实现蒸发,产生制冷量,此过程无须启动压缩机,大大降低了功率输入。

2. 混合供冷模式的节能特性

混合供冷模式时,氟泵的运行是在制冷系统中冷凝器下游的压增过程。利用氟泵的压增作用,一方面可以将制冷系统冷凝压力控制点降低到 10 bar 左右(普通压缩机制冷系统的冷凝压力控制在 13 bar 左右),以降低压缩机功率;另一方面可以提高节流前的过冷度、制冷剂流量及蒸发压力来提高机组制冷量输出。

（二）氟泵自然冷型冷却机组的应用特点、节能技术及注意事项

氟泵自然冷型冷却机组一方面可以利用自然冷实现节能，另一方面由于增加了氟泵及储液装置，也可以实现超长管道的应用。其应用特点、节能技术及注意事项也就与这两个方面密切相关。

1. 氟泵自然冷型冷却机组的应用特点

（1）因为氟泵自然冷型冷却机组比风冷型冷却机组多了一套氟泵自然冷节能系统，室内外机的应用及安装条件与风冷型冷却机组完全一样。所以，氟泵自然冷型冷却机组适用于可以应用风冷型冷却机组且有节能需求的数据中心机房。

（2）出于经济性考虑，氟泵自然冷型冷却机组相对于风冷型冷却机组的增加投资节能回收期控制在 3 ~ 4 年比较合理。如此考虑，氟泵自然冷型冷却机组适用于全年有 40% 以上时间室外气温低于 T_{w1} 的地区，可以实现全年平均节能在 30% 左右，回收期为 3 ~ 4 年。

（3）自然冷条件和室外防冻是矛盾统一体，室外温度越低，越有利于自然冷的利用，但也越有室外冻结的风险。氟泵自然冷型冷却机组适用于室外冬季严寒的地区，既可充分利用室外自然冷源，又没有室外设备及管道冻结的风险。

（4）氟泵自然冷机组是最简单、最直接且最清洁的自然冷利用设备，机组的维护内容及工作量如同风冷型冷却设备一样简单经济。氟泵自然冷型冷却机组适用于维护力量薄弱又特别注重自然冷节能的中小数据中心机房。

（5）由于氟泵自然冷型冷却机组中氟泵的增压循环作用，氟泵又增加了克服管道阻力的能力，适用于安装条件为室内外机距离超长、室外机超高于室内机及超低于室内机的数据中心机房。

2. 氟泵自然冷型冷却机组的节能技术

氟泵自然冷型冷却机组本身就是一种最简单、最直接且最清洁的利用自然冷源的节能设备，它利用室外温度低于冷却设备室内回风温度的温差，通过氟利昂制冷剂将室外自然冷源运输到数据机房内对设备进行冷却，实现了过渡季节以及严寒冬季的自然冷节能。理论上讲，只要室外温度低于冷却设备室内回风温度，就可以利用自然冷进行机房供冷。但需要考虑氟泵自然冷型冷却机组整体运行能效及制冷量相对于风冷型冷却机组的临界温度点 T_{w1} 及 T_{w2}，以及冷却设备室内回风温度 T_h。T_{w1} 及 T_{w2} 越高，可利用室外自然冷的时间就越长；T_h 越高，室外温度低于冷却设备室内回风温度的温差越大，自然冷换热效率就越高，自然冷供冷量也就越大，同时可利用室外自然冷的时间越长。T_{w1}、T_{w2} 和 T_h 的值是决定氟

泵自然冷型冷却机组节能效果和节能量的核心系统性因素，各因素之间有机联系，任何一个因素都不能独立决定节能效果和节能量。

除了设备本身及与系统其他主设备最佳配合的最优节能设计外，氟泵自然冷型冷却机组的系统性节能设计还可以从以下几个方面入手：

（1）氟泵自然冷型冷却机组室外冷凝器的散热能力随着室外天气变化和室内负荷变化而变换。所以，在进行氟泵自然冷型冷却机组室外冷凝器风机调速设计时，可以考虑采用冷凝器风机变频控制来节能。

（2）适当增加氟泵自然冷型冷却机组室内蒸发器及室外冷凝器的换热面积和提高其换热能力，以提高 T_{w1} 及 T_{w2} 的值，室外低温自然冷却时间越长，氟泵自然冷型冷却机组的全年节能效果也就越好。在超大容量风冷型冷却机组上应用氟泵自然冷节能技术的节能效果更明显。

（3）将氟泵自然冷型冷却机组室外冷凝器设计为水冷冷凝器或者蒸发式冷凝器，可以有效延长室外低温自然冷运行时长，从而可以有效提高氟泵自然冷型冷却机组的全年运行能效，扩大氟泵自然冷型冷却机组应用的地理区域。

（4）提高数据机房回风温度，如从传统的 24 ℃ 提升到 28 ℃ 甚至更高，封闭冷通道将回风温度提高到 35 ℃。结合行间空调 35 ℃ 回风温度，均可延长室外自然冷的使用时长，提高节能量。

（5）通过应用氟泵变频无级调节控制以及最大限度地降低氟泵功率，来提高氟泵自然冷型冷却机组的运行能效。

（6）通过应用变频压缩机、EC 风机及电子膨胀阀等来提高氟泵自然冷型冷却机组的运行能效。

（7）设计高效群组控制功能。一方面，通过传感数据与设计数据对比计算智能判断机房负荷变化趋势，统一指挥群组内空调设备的运行模式，避免群组内各机组间竞争运行的耗能现象；另一方面，通过传感数据与设计数据对比计算智能判断机房负荷需求量，智能启动群组内相应数量的可提供与负荷需求一致的空调机组，按需匹配供冷实现节能。

3. 氟泵自然冷型冷却机组的注意事项

（1）虽然氟泵自然冷型冷却设备可以适应超长管道的应用场合，但氟泵自然冷型节能柜最好与室外冷凝器同高度且距离越近越好，这样可以减少制冷剂冷凝液化后由压力损失带来的泵前汽化引起的氟泵汽蚀问题。

（2）和风冷型冷却设备一样，氟泵自然冷型冷却设备的室外冷凝器与室内机应尽量同高度且距离越近越好。这样有利于机组制冷系统的稳定及减少由于管道长度和室内外机高度差引起的冷量衰减。

（3）氟泵自然冷型冷却机组中氟泵的选择至关重要，氟泵质量不好或者选择不合适极易引起氟泵汽蚀及泄漏问题，应选择技术成熟且有成熟应用经验的氟泵。

（4）由于氟泵自然冷技术中已经设计了氟泵、储液罐及加热元件，其本身除了具有自然冷节能及长管道应用功能外，还具备低温环境应用功能。所以，氟泵自然冷型冷却设备在应用于长管道和低温环境时，不需要另外设计管道延长选件和低温选件。

七、水侧余热回收系统

（一）水侧余热回收系统的系统组成及工作原理

余热回收实际上就是冷凝热热回收，冷水机组在制冷模式下运行时，冷凝器放出的热量通常通过冷却塔或者冷凝风机排向室外大气环境，而且排向大气的热量的温度一般为 35 ~ 50 ℃。此部分热量作为废热排放，一方面对于有大量用热需求的场所是一种浪费，另一方面也给周围环境带来了一定的废热污染。余热回收系统就是通过一定的方式对冷水机组冷凝热进行回收再利用，将其作为用户的最终热源或初级热源。在压缩机与室外侧换热器之间增设热回收换热器，制冷时，压缩机排出的高温高压的冷媒气体进入热回收换热器，将热量释放给热负荷需求侧用水。余热回收包括部分热回收和全部热回收：部分热回收是指利用其中的某段冷凝放热来加热热需求用户的热水，全部热回收是指利用整个冷凝放热过程的热量来加热热需求用户的热水。

按照余热的利用方式来分，冷凝热热回收主要分为直接式和间接式两种类型。直接式是指制冷剂从压缩机出来后进入热回收装置，直接与水换热加热热需求用户用水；间接式是指利用冷凝器侧排出的 37 ℃左右的水来加热热需求用户用水。间接式余热回收相对来说增加的设备多，换热效率低，一般较少使用。按照主机结构形式不同，可分为单冷凝器热回收和双冷凝器热回收。单冷凝器热回收就是提高冷凝器出水温度后，在机组冷却侧接入热负荷需求，消耗不了的剩余热量由冷却塔排放到大气环境中。双冷凝器热回收机组中设计有两个冷凝器，从压缩机排出的高温高压气体冷媒首先进入热回收冷凝器，将热量释放给接入热回收冷凝器来满足热负荷的需求，消耗不了的剩余热量通过标准冷凝器释放到冷却水中，由冷却塔排放到大气环境中。单冷凝器热回收机组系统整体成本增加得较少，但系统管路相对复杂，部分负荷时机组效率衰减严重，系统运行稳定性较差。双冷凝器热回收机组需要增加一个热回收冷凝器，系统整体成本增加得较多，但机组管路和控制相对简单，系统运行相对稳定。

（二）水侧余热回收系统的应用特点、节能技术及注意事项

水侧余热回收目前主要应用于有持续热需求，且冷热需求可以同时共存的场所，如宾馆、医院、学校及部分工业场所，但其应用于数据中心基础设施领域还处于起步探索阶段，还有很多与传统水侧余热回收特点不相适应的地方需要优化和完善。

1. 水侧余热回收系统的应用特点

数据中心机房的冷负荷是相同面积民用建筑的 5 ~ 10 倍，而且几乎全年 24 h 持续稳定在同一水平，从理论上讲，数据中心空调系统最大可以提供 6 ~ 12 倍民用建筑空调负荷的余热热量来加热热负荷需求热水。结合数据中心本身的特点来看，供冷系统稳定安全、冷负荷超大且几乎恒定不变、冷负荷用户需求优先是数据中心机房冷负荷的三大主要特点。

（1）余热回收系统适合应用于有持续热负荷需求的数据中心园区，如还设计有培训中心、研发中心、员工宿舍，以及营业厅的数据中心园区。

（2）余热回收系统适合应用于热负荷需求占比较大，且热负荷需求量至少与系统中一台冷水机组冷凝放热相当的数据中心。

（3）余热回收系统适合应用于本身没有廉价集中供热的数据中心园区，且单独设计一套余热回收系统以及锅炉供热系统，就占用的数据中心建筑面积成本以及资金成本而言，可以在 3 ~ 4 年内收回成本的数据中心园区。

2. 水侧余热回收系统的节能技术

（1）水侧余热回收系统本身就是一项节能技术，但决定系统是否能够发挥最佳节能能效的主要因素是余热回收机组的最佳配置。与热负荷需求特征相适应的余热回收系统配置是决定此项节能技术应用是否高效的关键。

（2）余热回收系统选用高效率的余热回收机组、高效率的智能能效管理系统、最优能效的系统设计，也是决定此项节能技术应用是否高效的关键。

3. 水侧余热回收系统的注意事项

（1）余热回收系统一般只能提供 35 ~ 50 ℃的低温热水，但实际热负荷需求用户需要的是 60 ~ 100 ℃的高温热水。所以，还须设计电加热或者锅炉等系统来进一步提高用水温度。

（2）由于数据中心园区具有安全优先要求，必须保证能够稳定、不间断地满足数据

中心冷负荷需求。所以，即使系统设计了水侧余热回收系统，也不能减少冷却侧常规冷却塔的容量配置，以保证在热负荷需求不稳定或者中断时期，能正常转入常规冷却系统进行系统冷凝排热。

（3）数据中心设计余热回收系统只会单纯地增加余热回收设备，不会减少原制冷系统的任何设备等的容量和配置，但会减少独立供热系统的容量和配置。就投资经济性而言，仅在制冷侧计算经济回收期是不合理的，应结合整个制冷及供热系统全盘计算其投资回收期的经济性。

（4）需要详细、准确地统计计算数据中心园区热负荷需求量及需求特征，在进行热回收机组的匹配选型计算时，最小热负荷需求必须能持续、稳定地保证系统中一台机组的余热回收系统能基本处于满负荷工作状态。

（5）根据数据中心园区热负荷需求的变化特征，余热回收系统最好设计一套可以平衡热负荷需求小幅规律波动的储热系统，以保持热量供应的持续和稳定。

第四节 数据中心制冷节能技术模式及制冷方案选择逻辑

一、数据中心制冷节能技术模式

由于空调制冷是数据中心仅次于主设备的耗能大户，其能耗占机房总耗电的35% ~ 45%，因此，数据中心空调制冷的节能问题也就举足轻重了。数据中心节能技术包括自然冷应用节能、减少应用能耗及提高设备能效。

（一）自然冷应用节能

数据中心利用自然冷是目前最行之有效和最节能的方式之一，广义的自然冷实际上可以理解为自然资源，包括冷源方面的风冷、水冷及地源冷，以及自然能源实现发电制冷的风力、水力和太阳能。这里主要概要地介绍自然冷源节能技术，主要包括风侧自然冷节能技术、水侧自然冷节能技术及氟侧自然冷节能技术。

1. 风侧自然冷节能技术

风侧自然冷节能技术又分为直接新风自然冷节能技术及间接新风自然冷节能技术，并可在新风侧辅以蒸发冷却等技术实现更多节能。直接新风自然冷就是直接将室外低温空气经过部分物理及化学处理后直接输送到机房热负载实现机房制冷，可利用的室外温度高、换热效率高，但并不代表其可利用室外自然冷的时间长以及节能效率高，这些还与室外湿度条件及空气质量条件等密切相关，选择方案时应综合考虑。间接新风自然冷就是在室外低温空气与机房内高温回风之间增加空—空换热器实现热交换，通过冷却机房内高温回风来实现机房制冷，可利用的室外温度相对直接新风自然冷偏低、换热效率也偏低，但其对自然冷的利用与室外湿度条件及空气质量条件相关性不大，利用室外自然冷的时间及节能效率也有可能好于直接新风自然冷，需要根据当地气候条件及空气质量综合考虑。直接新风自然冷和间接新风自然冷的新风侧均与室外空气质量密切相关，因此，在利用风侧自然冷节能技术时，一定要充分考虑当地气候条件及室外空气质量对数据中心运行和机房设备的影响，如空气含硫量、含湿量、含尘量、含雪量带来的运行问题和设备腐蚀及故障问题。

2. 水侧自然冷节能技术

水侧自然冷节能技术又分为直接自然冷冷却水源和间接自然冷冷却水源。直接自然冷水源就是直接利用大自然的江河湖海低温水以及低温地下水来进行数据中心机房制冷，会涉及水资源的保护性利用和环保问题，要充分考虑水资源用水回收及对水资源生态的影响和对应措施。间接自然冷冷却水源就是在自然冷冷源（包括自然冷风和自然冷水源）与机房高温回水之间增加风—水或者水—水换热器实现热交换，冷却机房高温回水来实现机房制冷。自然冷风冷却供水一般是在风冷冷水机组的基础上增加风—水换热器，以及利用冷却塔实现低温季节直接供冷。自然冷水源冷却供水一般是在自然冷水源侧设置水—水换热器来实现的，既可以直接将换热器置于流动的自然冷水源中，也可以是设置地面换热站的形式。

3. 氟侧自然冷节能技术

氟侧自然冷节能技术均是利用室外自然冷来冷却室内高温氟利昂冷媒来实现机房制冷的，主要分为动力型氟侧自然冷节能技术和重力型氟侧自然冷节能技术。动力型氟侧自然冷节能技术是在氟利昂冷媒系统管道中增加氟泵循环动力，一方面，可以利用氟泵的循环动力提高室外自然冷的利用时长；另一方面，可以不受室内外机之间距离和高度差的限制，拓宽了应用范围。重力型氟侧自然冷节能技术是纯粹利用氟利昂冷媒的物理性质变化产生的自然循环动力进行循环的，其循环动力偏小，冷媒流量偏小，室外气温必须低到由冷媒物理性质变化产生的循环动力能克服管道阻力后才能正常循环供冷。一方面，其对室外低温的要求较高，室外低温利用时长短；另一方面，其对室内外机之间的距离、高差及管道安装阻力有很多要求；再一方面，由于冷媒循环量少，能利用的室外冷量也就偏少。

（二）减少应用冷耗

减少数据中心机房制冷冷耗也是提高数据中心机房能效的重要手段之一，在一些情况下，它甚至是数据中心机房节能手段中占比最大的部分。数据中心机房冷耗主要是气流组织规划不合理、送风距离过长及局部热点等问题造成的，目前，主流的减少数据中心机房冷耗的手段包括冷热通道隔离技术、定向供冷技术、液冷技术。

1. 冷热通道隔离技术

它利用冷热气流的相对隔离来减少冷量的损耗，主要分为冷通道封闭、热通道封闭及冷热通道全封闭技术。冷通道封闭就是将机架设备进冷风侧封闭，形成隔离且独立的冷池，而机架设备出热风侧开放，一方面，将冷量集中在机架进风侧的机架高度以下区域，减少了机架高度以上区域及热通道和其他走廊空间中的冷量损耗；另一方面，将机房平均温度提高到 28 ～ 30℃，冷量有效利用率远远高于机房回风温度为 24℃ 的传统气流组织形式。但是，冷通道封闭带来了冷通道外围的机房维护环境舒适性较差的问题。热通道封闭就是将机架设备出热风侧封闭，而将设备进冷风侧开放，一方面，机架设备散热量集中封闭在机架高度以下的区域，减少了热气流的外溢，提高了热通道外围机房维护环境的舒适性；另一方面，将机房平均温度提高到超过 30℃，冷量有效利用率远远高于以上两种形式以及传统的机房回风温度为 24℃ 的气流组织形式。

2. 定向供冷技术

它通过短距离精确输送冷风来缩短冷量输送流程而减少输送过程中的冷量损失和输送功耗，主要分为机架级柜外定向供冷和机架级柜内定向供冷。机架级柜外定向供冷技术就是将供冷末端设备就近安装于热负载机架的中间、顶部或者其他较近区域，一方面，减少冷风长距离送风的冷量损失和风机送风功耗；另一方面，提高了供冷末端设备的回风温度，从而提高了制冷效率。但此种方式会占用部分机架安装空间或者机架外顶部空间。机架级柜内定向供冷技术就是将供冷末端设备以机柜门的形式安装于机柜进风前侧或者机柜出风后侧，一方面，减少冷风长距离输送的冷量损失和风机送风功耗；另一方面，提高了供冷末端设备的回风温度，从而提高了制冷效率，同时还可以充分利用服务器风机多余压头以减少供冷末端设备的风机功耗。但此种形式一般需要根据机架尺寸及热负载功率进行定制，而且也会出现供冷末端设备风机与机架内服务器风机竞争运行的问题。

3. 液冷技术

它是降低冷耗的最为极致的定向制冷技术，几乎可以做到无传输冷量损失，换热冷量损失也较少，几乎只有 10% 的冷却功耗。目前，已经问世的液冷技术主要分为两种：一种为紧耦合式液冷技术，一种为浸泡式液冷技术。紧耦合式液冷技术就是用管道将冷冻液（氟利昂、水或者乙二醇）输送到机柜内部的发热元器件附近甚至紧贴在发热元器件的散冷片上，以实现最为精确的定向制冷。出于安全及维护便利性的考虑，液体管道系统采用负压系统设计，管道的连接也采用压力型快速接头。浸泡式液冷技术就是将服务器浸泡于一种特殊的矿物油或者氟利昂中进行降温，但此系统对于矿物油或者氟利昂的化学成分、密闭性和净化要求非常高。以上两种液冷技术的出液温度均大于 50 ℃，完全可以利用自然冷源进行降温，整体制冷功耗均小于 10%，是最为节能的方式，但目前还处于创新探索阶段，经济性和应用推广性还不是很完美。

（三）提高设备能效

使用高能效的制冷设备也是数据中心机房实现节能的主要方法之一。提高制冷设备能效比的主要手段包括提高设备电机效率、提高制冷系统的换热效率、降低制冷系统阻力和采用智能控制技术。提高设备电机效率主要体现在提高压缩机能效和风机效率方面，使用直流变频压缩机、磁悬浮压缩机及直流变频离心风机是目前提高设备电机效率的主要手段。提高制冷系统的换热效率主要体现在提高蒸发温度、降低冷凝温度及精确控制制冷剂流量及过冷度，使用更大面积和换热效率更高的蒸发器和冷凝器以及电子膨胀阀是目前提高制冷系统换热效率的主要手段。降低制冷系统阻力主要体现在降低制冷剂系统阻力和降低风道系统阻力方面，制冷剂管道系统优化及风道系统 CFD 模拟是目前降低制冷系统阻力的主要手段。智能控制技术包括实现换热器利用率最大化、降低冷凝压力、提升蒸发压力和避免机组间的"互克"现象。

二、数据中心制冷方案选择逻辑

目前，应用于数据中心的制冷方案非常多，不同的方案有其各自的优缺点和应用价值。本节分析的重点便是如何选择合适的制冷方案。

（一）数据中心的需求逻辑

评价一个数据中心是否优秀时，一定要结合数据中心的需求特征，简而言之，就是"适合的就是最好的"。这涉及数据中心的需求逻辑问题，总的来说，包括两个层面的逻辑：在总体需求结构层面需要主次分明；在各具体需求节点上要重点突出，且突出节点不能破坏需求结构面的合理性。

1. 需求结构的权重分布问题

可以用"主要矛盾与次要矛盾"这一方法论来分析该问题。不管是什么样的数据中心，也不管是什么样的需求特征，在数据中心的需求结构中，可靠性、经济性、节能性、可维护性这几个要素的权重是不一样的，虽然它们都很重要，也都是数据中心建设中的重要指标，但也是有一定的权重排序的。其中，可靠性是数据中心需求结构所有要素中最主要的，其权重排名稳居第一；而经济性、节能性和可维护性的权重排序则会随着需求特征的不同而有所变化。所以，在数据中心的需求结构中，应以可靠性这一主要矛盾为龙头和基础，再兼顾考虑经济性、节能性和可维护性，不管需求特征和关注点及关注程度如何变化，可靠性在需求结构中排名第一是不可动摇的。

2. 需求节点的合适性问题

可以用"适合的就是最好的"这一方法论来分析该问题。不同行业的数据中心具备不同的需求特征，有的更加关注安全性，有的则更加关注节能性、经济性或者可维护性，不能一概而论地以某个或者某几个指标来定义好的数据中心，不能离开需求特征来谈数据中心的好坏，更不能以关注度高而改变其需求结构的权重排序。

3. 需求节点的合理性问题

可以用"平衡"这一方法论来分析该问题。由于诸多主观和客观的原因，不同的数据中心建设者对于各需求节点要素的关注程度是不一样的，但每一个关注需求节点的实现都是需要付出代价的。要确定实现哪几个关键节点，以及多大程度地实现这些关键节点，则涉及科学逻辑和平衡的问题。对于可靠性和可维护性的实现，是有相关国家标准对其进行量化规定的；但对于节能性和经济性，则需要数据中心建设者去平衡选择。一般而言，是以"3～4年内能回收增加投资"这一标准来决定节能性的合理性的。

（二）制冷方案选择逻辑

每种制冷方案均有其优缺点和与不同数据中心相适应的价值点，下面，论述如何选择合适的数据中心制冷方案，以及什么样的选择逻辑才是科学合理的。

首先，应该重点关注数据中心的主要矛盾需求，关注数据中心需求结构中权重比例最大的要素。例如，安全性是数据中心所有要素中最重要的，那么数据中心制冷方案的安全性特征也就必须与之相对应，即首要选择安全性最为匹配的制冷方案。这一关注主要矛盾需求的选择逻辑不能动摇。

其次，应该辩证地处理优缺点，每一个制冷方案均有其优缺点，尤其是与数据中心需求节点相适应的价值点和不相适应的弱点。例如，普通风冷机房空调制冷方案的安全性、经济性和灵活性均与某数据中心的核心需求要素相适应,但其室外机占地面积大及噪声大,问题又是与数据中心主要需求要素相矛盾的,那么,科学的选择逻辑应该是在肯定其相适应的核心价值的同时,去优化其与数据中心主要需求要素相矛盾的弱点,而不是因为次要矛盾的缺点而放弃主要矛盾的优点去全盘否定风冷机房空调制冷方案。一定要秉承"巩固主要矛盾优势、优化次要矛盾劣势"的方案选择逻辑。

最后,要做到理论与现实相结合。为了满足数据中心的核心需求,制冷方案也需要在相应的要素特征上进行专门设计和优化,但理论上的相适应一定要结合现实中的可行性。例如,对于有高安全等级要求的机房,其冷冻水系统制冷方案涉及主管环路系统、节点阀门切换系统、蓄冷系统及DDC暖通自控系统。就设计理论层面而言,此类制冷方案设计在单点故障、持续制冷及智能控制方面做了几乎完美的考虑和处理,但真正落实到现实运行中,一个机房中几百个DN100以上的电动二通阀、阀门与阀门之间无法形成固定逻辑的DDC控制系统、常年浸泡于水中的阀门锈死问题、蓄冷系统的切换自控问题等,都是现实运行维护中很难实际操作和解决的问题。也就是说,脱离了现实运维能力和运维可行性的制冷方案设计,即使其理论设计无比先进和全面,也是没有生命力和价值的。

第七章 数据中心空调系统管理

对空调系统每年应进行一次工况测试，以及时掌握系统各主要设备的性能，并对空调系统设备进行一次有针对性的整修和调整，保证系统运行稳定可靠，不带病工作。

第一节 数据中心空调系统监测与控制

一、监测与控制目的

第一，充分满足数据中心空调系统运行品质的要求。如果不能满足数据中心机房对环境的要求，则会对 IT 设备造成如下影响：

（1）温度未能保持稳定，电子元器件的使用寿命将会降低。

（2）湿度过高产生凝结水，会短路；湿度过低产生静电。

（3）机房内出现局部过热，IT 设备将会突然关机。

（4）室内洁净度超过要求，机组内部元器件过热而损坏。

因此，在运行过程中须对空调系统监测与控制。

第二，在满足数据中心对空调系统的要求前提下，运行监测与控制使其达到最大限度的节能。

二、室内温、湿度监测与控制

数据中心通信机房环境主要是对空调设备的运行状态、温度、湿度、洁净度、气流分布等进行实时监控并记录历史数据，实现对机房的四遥（遥测、遥信、遥控、遥调）管理功能。对数据中心通信机房安全及高效运行提供保障。

（一）室内温湿度监测与控制系统特点

数据中心通信机房的通信设备对环境有较严格要求。室内温度设定 23 ℃（偏差 2 ℃），相对湿度 55%（偏差 15%）。

根据机房内温度的分布规律，调节送风口、回风口位置，通信机房内的发热情况对空调的供冷量进行调节，在满足室内温湿度的前提下达到节能。新风系统要求进风量略大于排风量，在机房内形成正压。

（二）室内温湿度控制系统结构及控制算法

数据中心空调的温湿度控制系统一般由控制器、传感器及被控对象所组成：通过设定的温湿度与温湿度传感器反馈的测量值进行差值比较，输出温湿度的偏差给控制器，控制器接收到温度偏差后，由温湿度偏差的变化趋势根据不同的算法，输出控制信号给被控对象。这里的被控对象根据不同的机组也有所不同，例如，风冷直接蒸发机组的被控对象为压缩机、冷冻水冷水机组的被控对象为水阀等，无论是哪种被控对象，最终的调节目的都是让温湿度的反馈值，更加接近于温湿度的设定值。

温湿度控制算法作为整个室内温湿度控制的重要组成部分，其算法的优良性决定了系统温湿度控制的精确性和快速性，下面，介绍几种常用的室内温湿度控制算法及特点。

1. PID 控制

PID 控制即比例、积分、微分控制。PID 算法根据比例、积分、微分系数计算出合适的输出温度控制参数，利用修改控制变量误差的方法实现闭环控制，使控制过程连续。其缺点是现场 PID 参数整定麻烦，易受外界干扰，对于滞后大的过程控制，调节时间过长。其控制算法需要预先建立模型，对系统动态特性的影响很难归并到模型中，被控对象模型参数难以确定，外界干扰会使控制飘离最佳状态。

在控制室内温湿度时采用 PI 调节器来进行调节，PI 调节器结合了比例调节"P"和积分调节"I"两者的优点，利用了比例调节"P"来快速抵消干扰的影响，同时又利用积分调节来消除了调节最终的差。

2. 模糊 PID 控制

模糊 PID 控制是用模糊技术与常规 PID 控制算法相结合的控制方法，当温度偏差较大时采用模糊控制，响应速度快，动态性能好；当温湿度偏差较小时采用 PID 控制，使其静态性能好，满足系统控精度。因此，模糊 PID 控制比单一的模糊控制器或单一的 PID 调节器有更好的控制性能。

（三）数据中心常用机型室内温湿度控制技术

数据中心常用的机型主要有风冷直接蒸发空调机、水冷直接蒸发机空调机、冷冻水型及双冷源机房专用空调机等，不同机型的被控对象有所不同。根据不同的被控对象选择合适的控制方式可以有效地将温湿度控制在设定的范围之类，保证机房 IT 设备的正常运行。

1. 风冷直接蒸发空调机和水冷直接蒸发空调机

直接蒸发空调机温度控制的被控对象为压缩机、湿度控制的对象为加湿器。一般这种类型控制回风温度，保证回风温度在数据中心合适的温度区间。温度控制时依据设定温度与回风温度的差值对压缩机进行控制。对于定频压机控制其启停而对于变频压机则根据控制信号的输出控制其频率。

2. 冷冻水型机房专用空调机

冷冻水型空调机温度控制的被控对象为冷冻水水阀、湿度控制的对象为加湿器。一般冷冻型机组控制回风温度，保证回风温度在数据中心机房合适的温度区间。温度控制时根据设定温度与回风温度的差值对冷冻水阀的开关大小进行控制。

3. 双冷源机房专用空调机

这类空调机，温度控制的被控对象为压缩机、冷冻水水阀，湿度控制的对象为加湿器。双冷源机型在温度控制时首先要根据进水温度来判断现在是工作在风冷还是水冷阶段，如水温和水流量满足要求则工作在水冷状态，温度控制时根据设定温度与回风温度的差值对冷冻水阀的开关大小进行控制；如水温过高或者水流量不满足条件则系统切换至风冷运行状态，水温度控制时根据设定温度与回风温度的差值对压缩机的启停或者冷冻水阀开度的大小进行控制。

（四）温湿度独立控制系统

温湿度独立控制空调系统中，采用温度与湿度两套独立的空调控制系统，分别控制、调节室内的温度与湿度，从而避免了常规空调系统中热湿联合处理所带来的电能损失。由于温度、湿度采用独立的控制系统，可以满足房间热湿比不断变化的要求，克服了常规空调系统中难以同时满足温湿度参数的要求，避免了室内湿度过高（或过低）的现象。

（五）数据中心热管空调系统室内温湿度控制技术

热管空调系统控制系统特点：数据中心热管空调的控制系统一般由微电脑控制器、操作控制器、温湿度传感器及调速风机所组成，每只机柜上部配置一台温湿度传感器，将温度平均值与设定温度进行比较，通过 PID 运算，控制调速风机的转速。控制系统配有标准 RS232 和 RS485 接口，通信协议为标准的 MODBUS RTU 协议，可实现"四遥"功能。

（六）数据中心新风空调系统室内温湿度控制技术

1. 新风空调系统控制系统特点

数据中心新风空调的控制系统一般由微电脑控制器、操作控制器、温湿度传感器及调速风机组成。控制器通过高精度温湿度传感器采集回风温湿度，经过逻辑计算，实现恒温恒湿控制，温度控制精度 ±2 ℃，湿度控制精度 ±10%。控制系统配有标准 RS232 和 RS485 接口，通信协议为标准的 MODBUS RTU 协议，可实现"四遥"功能。

2. 新风空调系统控制运行模式

空调机组控制根据季节不同，又分为三个运行模式：夏季模式、过渡模式、冬季模式。当冷冻水循环泵开启时，为夏季模式和过渡模式；冷冻水循环泵关闭时，为冬季模式。控制器每个程序扫描周期都执行以上逻辑判断，以决定机组的运行模式。

（1）夏季模式

夏季模式下湿度控制优先，新风开度设定在5%，回风95%，排风机关闭，回风温度设置，控制器通过回风温度采集，根据当前回风温度与设定温度的差值，控制表冷阀的开度。

（2）过渡季节模式

过渡季节模式新风开到100%，表冷阀阀关至0%，最大限度地利用自然冷源。运行过程中，如回风温度低于设定值，根据 PID 运算，减少新风开度，增大回风开度；如回风温度高于设定值，优先加大新风开度，如新风开度已达到100%，而回风温度仍高于设定值的上限，则根据 PID 运算，逐渐打开表冷阀；如回风湿度低于设定湿度，则开启加湿器进行加湿，根据回风湿度与设定湿度进行 PID 运算计算需求的加湿量，开启排风机。

（3）冬季模式

冬季模式控制器通过回风温度采集，经 PID 计算，控制新回风的比例。如回风温度高于设定温度，则加大新风阀的开启度，减小回风阀的开启度；如回风温度低于设定温度，则减小新风阀的开启度，增大回风阀的开启度。打开表冷器旁通阀，大部分空气通过旁通阀流通，减小表冷器的阻力，减少风机能耗。控制器通过回风湿度采集，控制加湿器的加湿量（比例调节）。根据新风阀的开度，开启排风机。

（七）漏水监测

由于数据中心飞速发展，空调方式也很多，特别是采用活动地板下走线方式，一旦发生漏水维护管理人员很难及时发现，还有一些空调方式冷冻水已进入机房，漏水将威胁着整个机房的运行，造成电源线路短路，烧坏设备，更严重的会造成火灾。因此，对数据中心机房内的漏水现状进行实时的监测是非常必要的。

在规划设计时减少漏水隐患，应设置报警器。

三、冷源和空调水系统的控制与监测

（一）冷源和空调系统控制

冷源的群控系统通过自控技术将冷水机组、冷冻水泵、冷却水泵、冷却塔风机、电动阀门及相关管道传感器统筹监控，实现连锁控制、逻辑顺序启停和节能控制等功能。

一套先进的冷水机组群控系统可使各冷站设备相互协调，运行在最佳状态，在满足用户需求及稳定性的前提下，将整个冷站系统能耗降到最低。在良好的冷水机组群控系统内，多台冷水机组、冷却水泵、冷冻水泵和冷却塔可以按连锁程序运行，通过执行负荷预测、优化加减机、变频优化等节能逻辑，达到最大限度地节能；同时，还可以减少人为操作可能带来的误差及风险，将冷源系统的运行操作简单化；群控系统还具备在线自诊断、离线数据分析、优化报警平台等先进的管理功能，可以实现远程故障排除，预防性维护、以减少停机时间和设备损耗。

（二）水温控制

空调系统在绝大部分情况下都是非满负荷状态运行。如果各末端用户具有良好的冷量与温度自动控制，那么冷水机组的产冷量与供水温度必须与用户的需求相匹配。冷水机组系统的稳定性与节能性主要是通过恰当地调节主机运行状态，满足末端冷量与供水温度需求，且提高制冷效率（COP）值。当用户末端采用变水量时，冷冻水系统还必须根据新的运行工况提供新的水量和扬程，以减少流量和扬程的过量供应，减少调节阀的节流损失，并尽可能使水泵在效率最高点运行。在多台并联的冷水机组运行时，尽量使机组处于较高负载点运行也是稳定运行与节能的重要措施之一。

冷水机组自控系统可以提供多台冷水机组和它们的附属设备如水泵、阀门、冷却塔风机等之间的智能化控制架构，以此简化操作、优化能源利用和系统性能；可以根据系统负荷的变化自动进行控制，同时综合运行主机的实际负荷，自动进行主机负荷的调配，选择最适合的机组运行或需运行的机组组合，优化系统控制满足末端冷量与供水温度的需求。

1. 增加制冷需求 ACR 加载的流程

（1）当前运行的机组有足够的时间由 0 负载至接近 100% 负载。

（2）当 ACR 温度传感器所测的冷冻水供水温度，高于当前的冷冻水供水温度设定点与一个可调整的温度偏差值相加后的所得值。

（3）运行机组的负载大于某个设定值（一般为 90% ~ 95%）。

（4）运行冷水机组的温度降低速率小于 0.5 ℉/min。

以上 1 ~ 4 项要求均能满足，才进入以下机组加载程序：

（5）冷水机组启动的延迟时间已经结束（延迟时间可以设定）。

（6）冷水机组禁止运行的命令未激活。

（7）冷水机组没有处于出错、斜坡加载或处于断电重启阶段，以上各项要求均能满足时，冷水机组立即启动。

2. 减少制冷需求 RCR 卸载的流程

（1）目前运行的机组台数多于一台。

（2）运行机组的平均负载小于某个设定值（一般为 65% ~ 69%）。

（3）当 RCR 温度传感器所测的冷冻水供水温度，小于当前的冷冻水供水温度设定点与一个可调整温度偏差值的 0.6 倍相加后的所得值。

以上 1 ~ 3 项要求均能满足，才进入以下机组卸载程序：

（4）机组停机的延迟时间已经结束（延迟时间可以设定）。

以上要求满足时，设定机组停机。

（三）冷冻水泵变频控制

1. 启动程序

系统启动时，控制器首先选择一台水泵启动，该水泵频率由 0 逐渐升高，控制器同时采集末端压差值进行实时判断。水泵控制器在选择水泵时是优先启动运行时间最短且状态良好的水泵，水泵控制器可以记录水泵运行时间及故障状态。

2. PID 调节逻辑

最小频率：水泵运行必须有一最小频率，水泵运行的频率在任何时候都不能小于最小频率。因为，随着水泵频率的降低，水泵的扬程将大幅度降低，为了保障最远末端用户的冷冻水流量，要求水泵的扬程不能低于某一数值。为了保障冷水机组安全（过低的冷冻水量将导致蒸发器结冰，铜管爆裂），因此水泵频率也就有了最小值。在空调系统的最远末端（最不利末端）安装有压差传感器，为了保证流量，它们的最小值不应小于 0.1MPa，同时，机组两端压差不能低于厂商推荐数值。

最大频率：一般来说，由于我国的供电频率为 50 Hz，绝大多数用电设备也是按照 50Hz 进行设计的，所以水泵的最大频率一般为 50 Hz。在系统调试中，由于系统受压设备及管道安装的限制，水泵运行在 50 Hz 时对系统或设备可能会产生不利影响，因此，最大频率可能小于 50 Hz（根据实际调试情况而定）。

频率的 PID 调节：末端负荷发生变化后，末端的温度控制系统会自动调节末端的电动调节阀，从而引起末端压差的变化。当末端负荷增加时，末端压差减小，当冷冻站监控系统监测到该变化时就通过 PID 运算输出水泵频率的调整值，升高运行水泵的频率；当末端负荷减少时，末端压差增大，当冷冻站监控系统监测到该变化时就通过 PID 运算输出水泵频率的调整值，降低运行水泵的频率。

3. 频率增加程序

当末端任何一个压差值低于设定值（满足最不利末端需求所必须保持的最低压差值）时，表明末端需求水量增加，水泵控制器进入升高频率程序。已经运行的水泵以相同频率运行，并同时、同步进行频率的增加，直至频率达到 50 Hz。

4. 加泵程序

每台水泵都有一个效率比较高的运行区间，在不同频率运行状况下，效率区间的范围也不一样。为了使水泵维持在高效区域运行，达到最优化工况点运行目的，可以通过冷机群控系统来实现设备的自动运行。

5. 频率降低程序

当末端两个压差值都高于设定值（满足最不利末端需求所必须保持的最低压差值）时，表明末端需求水量减少，水泵控制器进入降低频率程序。已经运行的水泵以相同频率运行，并同时、同步进行频率的降低。

6. 减泵程序

例如，当有两台水泵稳定运行在 30Hz，末端压差处在设定范围内时，根据流量（例如，150 m³/h）、压力传感器的数据与上述控制器内预先设定的最佳运行区间比较，可以得知该水泵的运行效率低于 77%，由控制器可以计算得知如果只要一台泵运行（每台 300 m³/h）可以让水泵的频率升高，使得水泵运行在较好的效率区间（提高效率，节能）。因此控制器自动减少一台水泵运行，同时，DDC 控制器从变频器提供的频率反馈信号中读取并记录减泵前水泵功率和减泵后水泵功率。

7.停泵程序

当系统需要停止时，水泵控制器发出停泵命令，运行水泵频率同时降低，至此停止。

8.传感器类型和安装位置

变频调速器系统所具有的节能效果显而易见，然而传感器类型及其安装位置对节能的重要性却被很多控制公司忽略。对于一次水泵系统来说，应当采用压差传感器。传感器能检测到负荷和两通控制阀两端的压力差，放置传感器十分重要，能使其测到距离最远最有效的负荷处，这样可以使变频器在流量减少时，可利用管道网内降低的阻力，即压力头损耗的变化。这样设置传感器，设定值需要下落到冷冻盘管和控制阀门的固定需求点，有些控制公司通常为了节省安装成本，不恰当地把压差传感器安装在供水和回水的集管处或直接安装在泵的两端。

加减水泵控制的初始判断由群控系统根据预先设定的水泵特性数据和设定效率区间来实现。实际的最终加减水泵的判断由群控系统通过记录、比较加减泵前后的水泵总体对应功率来实现。

经过较长时间的运行数据积累，群控系统就可以及时、准确地根据历史数据判断不同工况下水泵的运行台数与运行频率。

如果在运行过程中，水泵或变频器发生故障，群控系统可及时发出故障分级报警信号，并将故障水泵或变频器锁定，同时，备用泵自动投入运行。

四、动态参数控制

（一）目前机房控制现状

衡量数据中心是否节能，实际上是衡量在保证设备安全稳定运行的前提下，各部分能耗的最佳比例，确保服务器和网络存储等设备能效比的最大化。

空调系统是为了保证机房的温湿度环境的要求，机房的热负荷随着设备的运行情况而变化，一年四季室外的气候情况不一样，因此热湿负荷也在不断地变化。由于机房专用空调一般只利用本空调机送风或回风口传感器作为数据采样参考点，并没有监测整个机房内的实际温湿度分布；并且无法感知机房的服务器或其他通信设备具体需求量。如果没有一个智能控制系统控制空调系统跟随这些变化进行调整，负荷变化时不能及时调整供冷量，只能降低机房温度来满足要求，导致空调电能耗加大、压缩机频繁启动。

1.出现局部过热现象，导致"低效运行"和"过度制冷"

机房空调系统在设计中，都保证在最大负荷情况下还留有冗余负载量。实际运行时，空调系统一般未达满负载状态，多数时间都不能在最佳工况下运行。

部分数据中心由于气流组织不合理或者服务器分布不均匀，常出现局部温度过高的情况，为解决这个问题，数据中心运行维护人员通常的处理是：人工手动调低部分空调系统设定温度或整体降低数据中心机房环境温度。过度冷却导致机房空调机组耗能大大增加。随着数据中心机房采用服务器虚拟化技术的大量应用，机房内高热密度负荷势必会出现散热点向关键服务器转移的现象，可能会出现机房内只出现少数的高热密度区域，其微环境需求会更加严峻。数据中心机房存在"过度制冷"问题，是造成机房空调运行费用高的重要原因之一。

2. 机房专用空调机间的"不协调"

对于老旧机机房不具备协同控制能力，机房空调机整体运行效率低，而导致能耗大幅增加。其主要表现为：

（1）机房空调机各自独立运行，而实际区布局负荷不均，导致机房区域冷热不均，总体室内环境温度波动大。没有统一的轮值调度也会造成无效的能耗。

（2）机房区域配置两台或多台空调设备并且各自独立运行时，由于多台空调系统之间存在个体差异、温湿度传感器一致性差异、温湿度场分布差异等（有的加热/湿，有的制冷/除湿），带来内部无效损耗，消耗大量电能。

（二）机房空调的动态联网控制技术

在工业高速发展和环境要求越来越高的今天，随着计算机、测控、数字通信等多种技术的发展，对工业设备实施动态联网管理的需求日益增加。近年来，要求对机房空调设备进行动态联网控制的用户也在逐年增加，这方面的技术已经得到较广泛应用。动态联网控制主要解决了空调机组的备份、轮值、冷量分配、避免竞争，以及动态调整空调运行台数的层叠功能，在一定程度上提高了机房空调系统的安全性和节能性。

1. 机房空调动态联网控制特点

机房空调动态联网控制主要有动态轮巡模式和自动备份模式两种模式，其与传统的空调控制相比有如下优点：

（1）冷量动态分配：根据实际制冷需求开启或关闭相应的空调机组

一个中大型数据中心通常设有多台机房空调，而机房内冷负荷是在不断变化的，为适应负荷的变化，群控系统须对空调运行台数进行动态调节，以达到节能的目的。这种根据机房负荷动态调整空调运行台数的群控功能称为层叠功能。当室内温度过高时，群控系统将增加空调运行台数，直至全部空调运行；当室内温度过低时，群控系统将减少空调运行台数，直至全部空调关闭。

（2）避免竞争运行模式

机房空调动态联网控制，避免出现同时制冷和加热、除湿和加湿的情况。有多台空调，如果没有群控功能，各台空调可能会发生相反的动作，如有些空调在制冷，而另一些空调在加热；或有些空调在除湿，另一些空调在加湿，这将导致空调能耗增加。通过群控系统可以避免同一机房内空调的反向动作，称为避免竞争运行。该功能可避免空调系统运行能耗的增加。

（3）数据同步

设备工作数据如设置点、时间进程、告警状态等在网络中的各个设备之间是同步的。

（4）顺序加载

在网络中安排一个设备中的各个部件及一组设备中的各个设备工作和不工作的顺序，以减小冲击电流。特别是在市电不能正常供电的情况下，群控系统应能自动延时启动各台空调，间隔一定时间启动一台空调，这样可保证油机的可靠供电及空调的正常启动。

2. 机房空调动态联网控制对象

（1）动态温湿度

大部分机房空调机组只利用本机送风/回风口传感器作为数据采样参考点，无法监测整个机房内的真实环境温湿度分布状态的变化，数据准确性不够。机房空调系统控制算法的复杂性主要表现在它的时滞性、时变性、非线性和大惰性，以及由于服务器工作负荷的随时变化，往往表现出系统结构的多样性，负荷和环境因素的不确定性；而且它的多参量以及参量间的互相关联和影响也非常大。动态群控系统的硬件构架中，调节所依据的大量数据，就是通过挂接在通信总线上的大量智能温湿度传感器模块（如热点温度监控、室外温度等）提供的。通过整合原来每台专用空调的一个送回风口温湿度监测点，可以对整个机房全方位实时立体监测，提高温湿度动态数据的监测精度。并且，自动跟踪昼夜、季节、地区、机房内区域环境温湿度值的变化，准确计算 IDC 机房各"区域"与外部环境温湿度值之间的关系。

（2）动态系统参数

例如，使用冷冻水系统的 IDC 机房中，提供冷源的中央冷冻水机组则只对送回水温度采样，并不能对其所带各类末端状态变化进行联动。对一些复杂的系统，其动态特性不易掌握，而且系统越大其滞后性及惰性就越强。在这种情况下，如用单一的系统的控制方式（如正常的 PID 控制方式）所采用的跟随式控制，其控制及调节滞后性很大。动态群控系统可根据检测到的流量、压力、温度，末端空调机组的工作状态、室内人员情况、能耗等信号，实现对空调负荷的实时跟踪，控制输送到末端的冷量与当时的空调负荷动态匹配，确保系统能源转换效率始终处于比较高的水平。

（3）动态控制对象

动态控制对象，不仅包含机房内的各类空调机组，还包含为机组提供冷热源的中央主机系统、冷冻（温）水泵、冷却水泵、冷却塔风机、热交换器、补水泵、新风阀、独立加湿器和其他一些节能模块设备。其控制的内容不仅仅是设备的开停，还包含着一些设备的主要控制参数的设定动态更改，如设定温度点、湿度点、比例输出的上下限等。

3. 机房空调动态联网控制方式

（1）系统的最佳输出能量控制

采用模糊预测算法实现最佳输出能量控制。当气候条件或空调末端负荷发生变化时，空调冷冻水系统供回水温度、温差、压差和流量亦随之变化，流量计、压差传感器和温度传感器将检测到的这些参数送至模糊控制器；模糊控制器依据所采集的实时数据及系统的经验数据，根据模糊预测算法模型、系统特性及循环周期，通过推理，预测出未来时刻空调负荷所需的制冷量和系统的运行参数。

（2）系统最佳效率控制

当气候条件或机房内服务器负荷发生变化时，空调主机负荷率将随之变化，主机的效率也随之变化。到一个系统效率最佳点，才能使整个系统能效比最高。一般动态群控系统，采用自适应模糊优化算法来实现系统效率最佳控制。模糊控制器在动态预测系统负荷的前提下，依据所采集的实时数据及系统的经验数据，通过推理，计算出所需的最佳值，动态调节流量、风量、转速等，从而保证整个空调系统始终处于最佳效率状态下运行，系统整体能耗最低。

（3）系统最佳运行组合控制

在机房投入使用的初期或中期，由于机房内发热源（交换机、服务器）的分布不均衡，所以"空调组群"里的每台空调所对应区域的制冷负荷量必然是不同的。通过实时计算机温度场模拟技术，根据机房不同的工况条件、空调冷量分布、风量扩张循环等综合数据，自动判断"N+1""N+0""N-1"等空调数量的变化和对应的物理位置机组的可能不同设定温湿度参数，提高优化冷量利用效率，排列出空调优先投入顺序，控制其合理的开启或关闭，以达到冷量效率最大化。在有效实现机房整体环境的恒温恒湿、保障设备的环境安全的前提下，节约空调能源消耗，延长空调机组的使用寿命。

（4）系统的故障智能诊断及主动容错控制

通过综合一些突变数据或异常数据分析，可以在一些故障出现之前提前预警，如出现故障，通过专家系统模型进行主动容错控制主动改变故障机组附近正常设备的运行参数，抵消因故障机组退出带来的区域性环境参数失控，使故障对系统的影响减少到最低。

4. 常见机房空调动态联网控制系统结构

（1）主从控制模式

此种联网控制的方式为系统中有一台主控制器，通过主控制器可以实现所带网络中各空调之间的相互备份、轮巡功能，保证空调系统的稳定运行；根据机房负荷动态调整空调机组运行数量，以及协调群组内空调机组避免竞争运行，实现空调系统的高效运行。监控通过与联网控制主机的通信实现数据监控功能。

主从控制模式下多机通过 CAN 总线实现，如果主控机组通信、组网失败，各机组单独运行。主控机组定时向每台机组发送控制命令，从控机组定时向每台机组发送测量数据和机组状态。

主从网络控制模式的特点主要有以下几点：

①无群控模式。各机组单独运行，允许备用和轮巡功能，不允许层叠功能。

②所有机组参数共享。主控机组计算总制冷（加热、除湿、加湿）需求，并按地址分布需求，从机按主控机组分配的需求运行，允许备用、轮巡和层叠功能，此时需求分布比较平均。

③所有机组参数共享。主控机组根据各从机情况确定总需求并判断是否需要制冷（加热、除湿、加湿），从而控制从机运行方式（加热、除湿、加湿），各从控机组判断是否开启此需求。允许备用，不支持轮巡和层叠。

④所有机组参数共享。主控机组计算总制冷（加热、除湿、加湿）需求，并按需求大小分配总需求，从控机组按主控机组分配的需求运行，允许备机和层叠，不支持轮巡。此模式主要适合热负荷不均匀的场所。

（2）多主机联网控制模式

多主机联网控制模式下，系统并不通过一个专门主控制器来完成，区域内群控空调机组，控制器之间通过通信线缆连接后，由程序自动竞争主机，为自适应无主从网络。此网路中共有 8 个分组，每个分组中的主控板通过总线连接，并经过网关连接到上位监控。在每个控制分组中，各主控板都可以作为分组网路中的主机来实现命令的发送和参数共享，以此来实现动态网络联网控制工过程。

多主机联网控制模式的特点：

①允许在同一网络中有多个主设备同时存在。在任何一个主设备要求维护时，其余设备将自动地控制整个系统。在控制器失效时，控制将自动转移到其他主设备，以减小系统

失去控制的时间。系统群控冗余度更大。

②基于高可靠的工业现场总线网络。网络上同一分组的空调主机控制器组成一个协同工作组。

③工作组支持不同机型、不同功率的空调主机混合协同工作。控制系统根据机型参数，设定的最小值班机数、最小值班机总功率，各个机器运行时间自动调度机器的切换。

④工作模式下温湿度 PID 控制算法将所有主机的模块统一分级调度，工作组内的总模块越多，功率控制分级越多，能量需求匹配度越好，总模块多的情况下，整体多级控制的节能效果甚至可以高于采用变频压机的机型。

⑤工作模式下信息共享，设备可互为备用，增强整体可靠性。例如，局部主机传感器故障时，通过采用其他正常主机传感器数据，所有机器都能正常运行。一台主机故障退出运行时，备用机自动替换。

⑥工作模式支持区域温湿度过高的处理。运行中的主机如果本机温湿度高于平均值达到一定程度，会自动调整增加设备投入，直到接近设定点。对于待机的主机，区域热点温度 NTC 传感器随时监测其所辖区域的温度，当区域温度高于设定值加回差时，主机自动唤醒投入运行，直到温度回到设定点。主动负荷计算可以从源头避免过度制冷，有效降低冷站能耗。动态参数控制是指在设备、系统和时间轴三个维度上同时实现优化控制使得节能量达到最大化。采用全动态参数控制可完全取消人工控制可能造成的误操作风险及能源浪费，全面提高自动化系统的可靠性与灵活性。容错控制、运行节能、节能审计是一套成功空调控制系统所追求的"三位一体"。

首先采用模型预测方法计算冷/热负荷，比温差法、压差法或温差流量法更能反映实际负荷需求。采集预测负荷变化信息之后，通过自动在线分析设备的实际性能和大楼的冷/热响应特性（同时考虑近百个影响能源站效率的变量，包括流量、温度、环境湿度、分时电价等）自动利用空调水系统和大楼的蓄冷、蓄热能力。

每隔五分钟根据最新情况以最安全和最节能的方式调整能源站各部分的运行，包括设备的启停、水温的设定、阀门的开合等。不预设任何逻辑和经验规则，灵活自动地为每一个用户量身定制最优化控制策略。

五、冷水机组群控系统

群控系统可使冷站设备相互协调，运行在最佳状态，在满足用户需求及稳定性的前提下，将整个冷站系统能耗降到最低。在良好的冷水机组群控系统内，多台冷水机组、冷却水泵、冷冻水泵和冷却塔可以按连锁程序运行，通过执行负荷预测、优化加减机、变频优化等专利节能逻辑，达到最大限度地节能，同时可以减少人为操作可能带来的误差及风险，并将冷源系统的运行操作简单化。另外，在线自诊断、离线数据分析、优化报警平台等先进的管理功能，可以实现远程故障排除，预防性维护，以减少停机时间和设备损耗，通过降低维护费用而使用户得到增值。

每台 210 m³/h 可以让水泵的频率在 30 Hz 左右运行（频率的降低可以节约大量的电能），并且可以运行在较好的效率区间（运行在高效率点可以提高电能利用率）。因此控制器自动增加一台水泵运行，同时，DDC 控制器从变频器提供的频率反馈信号中读取并记录加泵前水泵功率和加泵后水泵功率。

动态参数控制：设备、系统和时间轴三个维度上同时实现优化控制使得节能量达到最大化。采用全动态参数控制可完全取消人工控制可能造成的误操作风险及能源的浪费，全面提高自动化系统的可靠性与灵活性。容错控制、运行节能、节能审计是一套成功空调控制系统所追求的"三位一体"。

首先采用模型预测方法计算冷/热负荷，比温差法、压差法或温差流量法更能反映实际负荷需求。采集预测负荷变化信息之后，通过自动在线分析设备的实际性能和大楼的冷/热响应特性（同时考虑近百个影响能源站效率的变量，包括流量、温度、环境湿度、分时电价等）自动利用空调水系统和大楼的蓄冷、蓄热能力。

每隔五分钟根据最新情况以最安全和最节能的方式调整能源站各部分的运行，包括设备的启停、水温的设定、阀门的开合等。

预设任何逻辑和经验规则，灵活自动地为每一个用户量身定制最优化控制策略。

六、漏水报警系统

空调漏水是一个很普遍的问题，造成灾害性漏水的主要原因是上水系统出现故障。因此，如何在第一时间内切断水源是非常重要的。目前，数据机房都安装了漏水报警系统。它主要是保护数据中心、服务器设备的安全，一旦出现漏液和漏水事故而配备漏水检测系统，会通过声光报警和短信等方式告知值班人员早期发现漏水或漏水事故及时处理。机房漏水通常分两种情况，一种为突然性的水管路系统出现故障，很短的时间就会产生大量积水，其结果危害性是非常大的；另一种是因排水不畅导致的机房漏水，如不及时发现，也会造成损失。

当监控系统监测到漏水信息后，要经过多个环节才能将报警信息传递给值班人员，要求任何一个环节都不能出现问题。而值班人员接到报警信息后如何在第一时间处理，以及处理的方法是否得当直接关系到空调能否正常运行。

铺设漏水检测传感带：将水浸感应线缆铺设在空调下方对应区域，保证漏水检测没有盲点。地面防水、漏水检测空调下方地面、管道间地面，应做防水并设置挡水围堰和漏水监测探头，出现漏水及时报警，提高系统的安全性。

第二节 空调系统调试与维护管理

随着数据中心技术的快速发展，各种电子设备的集成化越来越高，在提高数据交换流量的前提下，服务器等电子散热设备占地面积越来越小，相应的电子设备发热量也越来越大。这给 IDC 机房的环境要求提出了新的课题：如何保证数据中心机房在电子设备高发热量情况下做到全年 365 天恒温恒湿机房环境要求。调试是确定方案能最终实现的方法，正确的调试能够达到设计效果。数据中心空调系统调试与维护管理也很重要。在调试之前首先要对已安装的机械设备和电气设备进行功能测试。调试主要包括所有设备的启动和功能测试，以确定是否满足原设计要求。

一、机房空调系统（直接蒸发风冷）调试与维护管理

机房温湿度环境是由机房空调来保证的。机房专用空调的方案选型、冷量配置、安装调试等工作程序均直接关系到整个机房环境控制系统的可靠性、安全性。而机房空调设备的安装调试如一旦存在隐患，给机房故障的发生率埋下随机性和不可预见性，同时给维护部门的抢修增加难度，情况严重时会导致数据设备、存储设备、通信设备等出现停机故障。因此，把好机房空调设备调试质量关，将设备性能调试在最佳状态，是保证机房稳定运行的关键。

（一）机房空调室内机组安装位置检查

上送风空调最好安置于单独的房间内，为保证足够的送回风气流，必须留有相应的送风和回风的开口面积，并要注意送风的方向，要顺着气流流动的方向送入机房内；如机组为下送风，为了保证空调送风效果，应根据送风风量确定架高地板高度。

（二）机房空调室外机组安装位置检查

室外机组应安置在较为空旷和空气干净的地方，机组上方 2 m 范围内不得有遮挡；安

装的室外机组不管是立式安装还是卧式安装，必须保持机组底部基准面处于水平状态，利于液态制冷剂的回流。机组必须与支架或地面有着良好的固定以防振动。

（三）制冷剂管道的检查

在条件允许的情况下，多根管道尽量布置在同一平面支架上，不要将一部分管道重叠在另一部分管道上，确保管道外保温无脱缝。尽量让室内外机的接管长度缩短并减少弯头。室内外气管与液管都应有良好保温，不允许有断接和遗漏，并用支架固定好。气管的垂直长度每上升 7.5 m 左右须设一个储油 U 形弯，停机时收集冷凝的制冷剂和冷冻机油，利用开机时高速气态制冷剂把 U 形弯中冷冻油推进，保证冷冻油的正常循环运行。室外机组的进汽铜管在与冷凝器连接时，应该设置一个朝上的防反冲 U 形弯装置，弯头高度应高于热交换器最高处至少 20 cm。

（四）管道系统密封性检查

为了检查机房空调机组在现场安装后管道系统密封情况，必须用氮气试压检漏。利用压缩机吸排气旋锁阀门充入氮气进行查漏，保压试验压力值不应低于 2.5 MPa。管道系统加压后须经过至少 24 h 的观察期，如果压力没有变化则管道系统正常。保压试验通过才能进行下一步操作。

（五）系统抽真空与充注制冷剂

管道系统保压合格后，放掉管道系统内部的氮气，用双联测压表连接压缩机的吸排气旋锁阀检测口，进行系统抽真空操作。如果制冷系统存在单向阀门，则双联测压表的连接位置必须保证整个管道系统不存在不能联通的死区。根据管道系统的长短决定抽真空作业的具体时间，再向系统冲入气态制冷剂，进行第二次抽真空，且系统真空度达到要求后，先从压缩机排气旋锁阀处进行静态充注液态制冷剂（充灌量为系统饱和量的 80% 左右）。

（六）空调机组的调试步骤

（1）开机前，应仔细检查机组的各项机械项，包括风机皮带的松紧（如果存在）、紧固螺钉的松紧等。

（2）将所有电气部件与导线相接的固定螺丝紧固一遍。

（3）正常启动制冷系统。

第一，观察压缩机运行的吸气和排气压力值。

第二，检查并设置压缩机（直膨式机型）高压保护控制器调定压力为 2.4 MPa。压缩机低压控制器调压力设定：上限 0.32 MPa，下限 0.21 MPa。

第三，让空调机组处于自动运行状态，以机房室内温度为参照点：把温度设定点调高，使电加热分级自动投入加热；把温度设定点调低，使压缩机自动投入运行；把湿度设定点调高，使加湿器自动加湿；把湿度设定点调低，使压缩机启动自动除湿。

（七）调试过程中关键部件调试

制冷系统中过热度和过冷度的合理控制：

1. 过冷度

气态制冷剂在冷凝器中通过散热冷却转变成液态，并且液态制冷剂在流出冷凝器之前还再次进行降温冷却，此种现象就叫过冷现象。制冷循环中相同冷凝压力下液态制冷剂的过冷温度与饱和温度之差称为过冷度。现场估测方法：采用手触摸室外冷凝器的制冷剂回液管外表面，太凉则表明过冷度大。

2. 过热度

低压液态制冷剂在蒸发器中通过吸热逐渐转换成气态，当饱和气态制冷剂在流出蒸发器之前还继续吸热升温，成为过热蒸气，此种现象叫作过热现象。制冷循环中相同蒸发压力下制冷剂的过热温度与饱和温度之差称为过热度。现场估测方法：采用手触摸压缩剂外壳，发烫则表明过热度高。

3. 闪发现象

从冷凝器出来的液态制冷剂经过长距离管道的流动，管路上产生的阻力（沿程阻力和局部阻力）使得管路内部静压下降，一旦出现液态制冷剂的静压低于当前制冷剂温度所对应的饱和压力值时，液体制冷剂将产生汽化，此现象叫作闪发现象。出现闪发现象后，使得进入膨胀阀之前的制冷剂不是全液状态，影响膨胀阀的节流效果，导致机组的制冷量出现衰减。

二、机房空调系统（冷冻水型机组）调试与维护管理

（一）机房空调机组安装位置检查

由于冷冻水型机房专用空调设备需要把水引进机房，故对机组的安装位置及水患防护措施必须进行仔细核查，防患于未然。重点核查内容如下：

（1）空调机组表冷器是否具备冬季装置；

（2）机组是否配备漏水探测器；

（3）在空调机组与服务器设备之间是否设计了拦水围堰，围堰高度建议不能小于20～30 mm 并检查围堰区域的防水措施是否达标；

（4）机组周围是否预留了足够的检修空间，确保空调机组冷冻水管路接入处的检修阀门可以正常操作；

（5）检查冷冻水管路上的水温表和水压表安装是否正确。

（二）冷冻水管道的检查

为了保证冷冻水型机房专用空调机组能够获得足够的冷冻水流量，冷冻水主干管和支管的管径选择按照沿程阻力不大于 300 Pa/m 的条件来选定管径。依照空调机组厂家铭牌上的水流量参数值综合判定现场管道施工的合理性。

冷冻水管道的温度很低，一般低于空气露点温度，故保温措施必须做好，否则容易出现管道表面结露现象。建议保温层的厚度不小于 20 mm，材质必须选择防火等级 B 级及以上规格。

针对超长直线不明确的主干管，还要考虑热胀冷缩的破坏效应，在端部应该加装一个伸缩缓冲弯。

（三）冷冻水管道系统密封性检查

为了检查机房空调机组在现场安装后管道系统密封情况，冷冻水型机房专用空调设备必须采用水压试验方式进行检漏。利用一台水压增压泵向冷冻水管道系统压入静态的自来水，维持水压 0.6 MPa，且半小时后不出现水压下降，才能验证管道系统密封性属于合格状态。

如果水压不能维持，应该查找管道系统的泄漏点，一般容易出现泄漏的部位有阀门连接处、仪表连接处。如果压力没有变化则管道系统正常，有压试验通过才能进行下一步操作。

（四）冷冻水型机房专用空调的调试步骤

（1）首先打开空调机组冷冻水连接管道上的进出水阀门，观察进出水管道上的水压表和水温表显示值是否在正常范围内。

（2）在不给空调设备供电源的情况下，打开机组自身配备的放空气装置，把表冷器内部的残留空气排放干净。

（3）给空调主电源供电，启动室内风机，同时把空调的温度设置参数调低，使得空调微处理器向移到电动比例调节阀输出制冷信号（0～10 vdc），观察水阀的动作开度是否与输入的电控信号相吻合。

（4）同时观察在支管道上安装的水压表、水温表，观察水压降级温升值是否在厂家铭牌的要求范围内。

（5）通过把空调温度设定值调高，空调微处理器将关闭向电动调节阀制冷信号的输出，观察电动水阀是否将缓慢关闭到位。

（6）最后，维持电动调节水阀的开度至最大（100%），把室内风机的转速降至最低限度（如果配置风速调节控制逻辑），维持机组连续运转 1 h，观察表冷器的出风口是否存在迎风带水现象。

（7）利用人工方法向表冷器淋水盘注入高度不小于 2 mm 的自来水，观察淋水盘排水孔是否畅通。

（8）利用人工方法将少量自来水浇灌到显示漏水探测器表面，观察空调微处理器是否发生漏水警报。

三、机房空调电极式加湿器对水质的要求

机房空调加湿器一般有两种选择方式——电极式和远红外线式。电极式加湿器的加热罐体由于是密封装置，可以安排在空调通风风道之外，可以避免加湿罐在加湿工作时产生的余热带入风道系统中，以达到节能目的；远红外加湿器的水盘属于敞开式，须安装在空调风道系统中才能把加湿器产生的蒸汽带到机房中，这样不可避免地会把加湿器在生产湿蒸汽过程中的余热带到机房环境中。不过，电极式加湿器是需要电极与水进行接触，利用水中离子传导产生电流后形成热量，把水升温沸腾后才输出蒸汽，故对水质有要求。

机房空调设备配置的电极式加湿器，其加湿器本身具备对加湿罐自动定时冲洗的功能，这样，可以延缓加湿罐的结垢周期。

机房空调的电极式加湿器对接入水的技术要求：电导率在 300 ~ 1 250 μs/cm 范围内。

针对有些使用单位，对加湿器进水水源采取利用"工业盐置换软化"的水处理，应做如下处理：

由于软化水装置是用食盐进行置换作业时，当软化水装置刚刚进行完置换作业后，可能软化装置的设置参数匹配不合理，使得软化装置的出水含有过多的残留在树脂表面的未冲洗干净的 Na^+、Cl^- 离子，导致软化水出水导电率严重超标。这时高浓度的离子软化水进入电极式加湿器中，一旦水面接触到电极探棒时，由于传导电流剧增，会产生电焊型火花，使得电极棒出现高温熔化现象。软化水装置只有在经过一段运行时间后，树脂上的残留食盐离子才会越来越少，使得出水的导电率逐渐下降，达到加湿器水质允许指标范围。

另外，如果软水器进水管径、水压存在偏小缺陷的情况下，由于在软水器的第三步的"快洗"步骤中需要一定的进水水压，才能在第二步"吸盐与慢洗（置换）"过程中彻底把软水器树脂罐吸入的过多盐分冲洗干净，即使在软水器调试过程中保证了出水导电率达到指标范围后也不能保证长时间均能产出合格的水源。

故一般来说，不宜采用通过"工业盐置换型"软化水装置对电极式加湿器进水系统进行软化处理。

四、空调系统运行管理

（一）管理工作的基本内容

（1）建立健全各项必要而简明的规章制度，并认真组织落实，如岗位责任制、设备使用操作制、交接班制等。

（2）建立设备维修计划制度，包括编制修理计划、修理卡片、设备修理工艺及内容、组织易耗品的供应等，都应纳入管理的范畴。

（3）加强测试手段，在空调设备运行一定时间后，技术性能及各项技术指标会发生变化，因而定期对设备进行性能实测是很有必要的。为此，必须配备有对空调装置进行测试的必要仪器和检测手段，通过实测及运行时间的测算，确定维修时间及维修内容。

（4）开展技术培训及技术革新，引进先进技术。

（5）针对机房空调设备（机房空调设备主要包括压缩机、蒸发器、冷凝器、膨胀阀、风机、控制器、加热器、加湿器、空气过滤器等），按照维护保养频次的不同及关键部件分类的不同编制机房空调设备全年维护保养日程安排。

（二）空调系统维护管理准则

机房空调系统能耗在数据中心的占有很大比例，机房专用空调设备运行状况的好坏将直接影响数据中心的 PEU 数值的优劣。因此它的重要性已经被业界广泛重视。

由于机房专用空调设备的专业性和特殊性，明确维护与维修并重，并且以维护为基础、预防为主的原则，大力加强日常维护与保养工作，始终使空调设备处于良好运行状态，以确保设备的使用寿命。

为了达到科学合理地管理好机房专用空调设备，使其处于良好运行状态，应充分发挥管理中各个环节的作用，利用最少资源达到经济效益最大化。

五、冷源系统运行管理

所有冷水机组都有一个最佳性能范围，数据中心空调系统不但在 HVAC 设备上精益求精，而且致力于实现单台机组及整个 HVAC 系统控制的性能优化，空调自控系统为用户提供最合理的控制系统解决方案。其主要功能分为以下几个方面：

（一）基本功能

空调自控系统可实现对受控设备的监测或监控，包括报警管理、能源管理、历史数据记录等。采用好的全中文界面、交互式图形显示和多文档窗口技术，可同时兼容多种数据库，支持多种操作系统与浏览器。在同一网络中，客户可以实现多点、异地、同时监控（具有多重权限限制）。

（二）高效控制

空调自控系统兼具开放性和独立性，现场控制器能独立完成所有监控工作，并将监控信号和数据采集结果通过网络反馈至控制管理中心，由控制中心集中管理监控。控制中心停止工作时也不会影响到现场 DDC 的正常运转，现场某个 DDC 故障也不会影响到网络上其他 DDC 工作，能满足数据高可靠的工作要求。

（三）标准化、开放式软件设计

空调自控系统软件采用开放式、标准化设计，可简易、灵活地实现管理功能的增减，并具有现场编程和二次开发的功能，便于系统二次扩容，也便于兼容于更大规模的监控网络。

（四）兼容多种标准及通信协议

空调自控系统具有支持多种标准及私有通信协议的能力，可支持如 BACnet、MODBUS、SNMP、XML/SOAP 及各种私有通信协议，可集成冷源变配电监视系统，从而达到冷站 COP 的实时监测。

（五）自动逻辑控制

空调自控系统根据系统的供回水温度、压力及机组电流负载比例等实时参数的采集以及变化趋势的动态分析后，经过 DDC 内部的计算，使得控制中心感知到数据机房内的热负荷变化趋势、负荷容量和各类故障信息，按照实时动态的控制逻辑对各受控设备发出相应控制指令，得以实现系统内各设备的自动运行，自适应地满足使用需求并发挥出各设备的性能优势。

（六）节能运行

空调自控系统在实现设备自动控制的同时，充分考虑各受控设备的特性，运用冷站节能优化逻辑，在保证系统安全可靠运行的基础上，实现最大限度的能耗降低。例如，冷冻泵依据末端管路最不利压差实现变流量控制。在每路末端供回水管均计算供回水压差值，对比确定最不利的压差回路，通过调节水泵频率以保证此支路压差不小于设定值。

（七）自学习能力

空调自控系统具有对负荷变化预测的自学习能力，在对一段运行时间的数据采集、运算的基础上，对不同负荷需求和环境条件下的性能及能耗做出预测，提供最佳的运行参数逻辑优化，并根据实时的反馈数据对这些运行参数进行修正，实现系统自适应控制，从而在满足数据机房冷量需求的前提下，最大限度地体现节能与稳定性的融合。

（八）用户管理

空调自控系统具备完善的用户管理功能。通过对用户操作权限的设置可灵活地控制用户操作的对象及操作的内容。操作对象应可从单台设备至所有设备任意设置，操作内容分为查询信息、设置参数、系统管理员三级。所有的用户登录信息及发生的操作均自动被记录在日志文件当中，日志文件不能随意修改，保证了冷冻机房的运行安全。

（九）不同级别报警显示及处理

空调自控系统将每台设备的报警分为告警（设备出现故障并未影响系统安全运行）和极限报警（设备出现故障，影响到系统安全运行）两种形式，报警信息可被设置发送到指定工作站。告警时，无论操作者在浏览任何画面，都能在相应工作站的监视器上显示出来（图标变色并闪烁），操作员只要用鼠标点击，即可显示报警设备的详细资料，包括设备的位置、故障类别等，并以图形或表格的形式显示该设备的工作参数，供操作人员处理；极限报警时，系统设置紧急处理程序，以保证设备及人身安全。全部报警信息均记录在数据库中，并可按权限输出、查询或打印。

第三节 数据中心空调节能措施及评估

随着我国信息化社会的快速推进，以及大数据、云计算、物联网等产业的崛起，数据中心作为终端海量数据的承载与传输实体，每年的投资增速日益加快。此外，信息技术产业网络化、平台化、服务化的趋势更加明显，对大规模、高性能的数据中心需求更加迫切，从而推动了数据中心建设与服务需求的大幅增加。

但是，在数据中心产业蓬勃发展的浪潮中，依然存在着很多架构性问题：数据中心如何向云时代迈进、如何进行节能减排技术创新、如何进行优化运维、如何增强持续运营能力问题等。数据中心的空调节能措施及评估，对数据中心的规划与建设、设计、管理、运营等问题，能耗挑战将贯穿于数据中心的整个生命周期。

分析国内外数据中心技术的现状，透视中国数据中心技术发展的新趋势，有利于推动中国数据中心健康稳定发展。

一、数据中心空调节能措施

（一）使用自然冷源的方式

1. 间接使用自然冷源

通过换热器进行交换，室内外空气隔离。

2. 直接使用自然冷源

我国大多数地区可使用室外空气过滤后直接送入数据中心降温。但由于国内大多数地区空气品质较差，直接使用自然冷源需要满足数据中心对空气品质的要求。

依照已经颁布的诸多国际通用标准，选用 ANSI/ISA-71.04-1985 美国工业结构标准作为评估依据。

（1）关于数据中心颗粒污染物的浓度标准

美国采暖、制冷与空调工程师协会（ASHRAE）技术委员会（TC）白皮书中明确要求：通过监控数据中心的粉尘和气体污染物来维持硬件的可靠性，数据中心的清洁程度必须达到 ISO 14644-1-8 级的标准见表 7-1。

表 7-1 数据中心颗粒污染物的浓度标准

ISO 等级	空气中的最大颗粒数（每立方米中颗粒尺寸等于或大于指定尺寸的颗粒数）					
	颗粒大小					
	$> 0.1 \mu m$	$> 0.2 \mu m$	$> 0.3 \mu m$	$> 0.5 \mu m$	$> 1 \mu m$	$> 5 \mu m$
1 级	10	2				
2 级	100	24	10	4		
3 级	1 000	237	102	35	8	
4 级	10 000	2 370	1 020	352	83	
5 级	100 000	23 700	10 200	3 520	832	29
6 级	1 000 000	237 000	102 000	35 200	8 320	293
7 级				352 000	83 200	2 930
8 级				3520 000	832 000	29 300
9 级					8320 000	293 000
注：由于测量过程具有不确定性，因此要求在确定分级水平时使用有效数字不超过三位的数据						

同时，《数据中心设计规范》（GB 50174-2017）针对机房环境洁净度要求有：机房内灰尘粒子应为非导电、非导磁和无腐蚀的粒子。灰尘粒子浓度应满足：

①直径大于 $0.5 \mu m$ 的灰尘粒子浓度 ≤ 18 000 粒 /L；

②直径大于 $5 \mu m$ 的灰尘粒子浓度 ≤ 300 粒 /L。

《数据中心设计规范》（GB 50174-2017）同样也规定了空气中 $0.5 \mu m$ 的灰尘粒子浓度，每升应少于 18 000 粒。

（2）关于数据中心气态污染物的浓度标准

如 ANSI/ISA-71.04-1985 标准所述，要确定数据中心环境内的气体腐蚀性，有一种十分简便的量化方式，即所谓的"反应式监测法"。该方法会将铜银试样置于该环境中一个月，然后使用库伦还原法来分析腐蚀产物的厚度及化学性质，从而将该环境归为如表 7-2 所述的四种严重等级中的一种。

表 7-2 气体腐蚀性等级

严重等级	铜的反应等级	描述
G1 温和	300C/ 月	环境得到了良好的控制，腐蚀性不是影响设备可靠性的因素
G2 中等	300 ~ 1 000C/ 月	环境中的腐蚀影响可以测量，其可能是影响设备可靠性的一个因素
G3 较严重	1 000 ~ 2 000C/ 月	环境中腐蚀风险很高，极有可能出现腐蚀现象，应采取进一步的评估和环境控制
GX 严重	> 2 000C/ 月	通常只有特殊设计的设备才可以在这个环境下正常运行，这种环境下的设备规格需要供应商与使用者之间协商制定

ANSI/ISA-71.04-1985 是一个成熟且已被广泛接受的标准，它规定 G1 级严重等级的铜银腐蚀速率应低于 300 C/ 月，这一数据说明"环境温和并得到了良好的控制，腐蚀性不是影响设备可靠性的因素"。与此同时，应将最高 300 C/ 月的铜腐蚀速率和最高 300 C/ 月的银腐蚀速率作为标准，对于含有大量气体污染物的数据中心，对进入数据中心的空气及数据中心内部的空气必须进行过滤处理。

（二）关于 TCO

TCO 用户总费用是一项财务估算，用于评估方案及采购与投资有关的一切费用。它不仅反映购置成本，还应包含安装调试、运行、维修、维护等费用。在目前为基础建设的新一代绿色数据中心，合理地设计、调试和维护控制系统，将能够有效降低用户 TCO，提高 IT 资源利用效率，增强信息系统高可用性，提升运营效率和服务水平，增加管理灵活性，显著降低采购成本，满足行业企业的多重信息化升级和改造需求。

二、PUE 概念及计算方法

（一）PUE 概念

随着数据中心 IT 设备高密度的集成化，解决设备散热及机房散热的问题受到了各界人士高度的关注。电源使用效率 PUE 值，已经成为国际上比较通行的数据中心电力使用效率的衡量指标。它是评价数据中心能源效率的指标。

（二）PUE 计算方法

数据中心消耗的所有能源与 IT 负载使用的能源之比，PUE= 数据中心总设备能耗 /IT

设备能耗，PUE 是一个比值，如基准是 2，越接近 1 表明能效水平越好。

数据中心效率 DCiE 为数据中心基础设施效率：

数据中心效率 DCiE=IT 设备能耗 / 数据中心总设备能耗 ×100%，DCiE 是一个百分比值，数值越大越好。

数据中心能效情况可以通过 PUE 和 DCiE 来衡量。

PUE 为电源使用效率。

IT 设备耗能（P_{IT}）：指数据中心主机房中 IT 设备在实际运行中的耗能。

数据中心总耗能（P_{Total}）：指数据中心在正常运行情况下 IT 设备耗能和基础设施设备耗能的总和。

数据中心基础设施耗能：包括变配电、供配电系统，UPS 系统，空调制冷系统，消防、安防、环境动力监控，机房照明等数据中心基础设施设备的耗能。

PUE 计算公式：

$$PUE = \frac{数据中心总用电量}{数据中心IT设备用电量}$$

$$PUE = P_{Total} / P_{IT}$$

（三）空调供冷效率系数 CLF

CLF 定义为数据中心中空调供冷系统耗能与 IT 设备耗能的比值，即：

$$CLF = P_{Cooling} / P_{IT}$$

计算公式中，$P_{Cooling}$ 为空调制冷系统耗能，包括冷源（冷水机组、冷却塔、干冷器、水泵、电动阀门、水处理设备等）、室内空调末端、温湿度调节、新风系统等所有设备的耗能（包括空调制冷系统中消耗其他能源所折算出的电量消耗值）。

三、数据中心能效指标

数据中心节能，PUE 是一个重要的指标。对于数据中心管理而言，就是想方设法提高 PUE 的效率（值越小越好）。PUE 值越接近于 1，表示一个数据中心的节能效果越高。PUE 值可分解为制冷能效因子、供电能效因子和 IT 设备能效，当 IT 设备能效等于 1 的情况下，降低 PUE 值的最有效方法就是降低制冷能效因子和供电能效因子。

LEED 认证是绿色建筑的设计，是目前国际上最为先进和具实践性的绿色建筑认证评级体系。根据六类评价指标，包括可持续场地、节水、能源和大气、材料和资源、室内环境质量、创新和设计。

我国一些数据中心空调系统采用变频风机和变频循环水泵，运用 Freecooling 系统（自然风冷却系统）全年 PUE 值可达到 1.3 以下，该系统在冬季 PUE 值更可以达到 1.15 ~ 1.2，标志着这是一个高效节能的数据中心。

四、数据中心耗能测量目的

数据中心耗能侧量目的是看是否达到了数据中心的设计目标：节能、环保。为通过标准的组件实现"即插即用"和 JIT 配置，构建一个灵活的、模块化的和可扩展的数据中心。

五、数据中心耗能测量方法

如何评定一个数据中心的能耗水平，目前国内还没有统一的标准来认定，需要建立一个统一的标准来衡量数据中心的能耗水平。有了数据中心统一的标准，无论这个数据中心在什么地方，都能评定这个数据中心的能耗水平。

测量数据中心的 IT 设备电耗最有效的方法是测量机房 PUE 的输出电量（向服务器机柜输送的总电量）。所有供电和用电都用有功功率计算电量。

由于能耗指标的数值受很多因素的影响，会随地理位置、季节等的改变而发生变化，因此为全面地准确地了解数据中心的能效，应采用固定测量仪表，对数据中心能耗进行持续、长期的测量和记录，且测试时间越长，得到的 PUE 指标越能反映数据中心真实能耗情况。在实际应用中，PUE 值可以通过自动化仪表或者软件直接读出，可以查询或同时显示瞬时、日、周、月及年的 PUE 值。

测量的周期和频率可参考分季测试，如下：

每年测量 4 次：分别在春季（3 月 ~ 5 月）、夏季（6 月 ~ 8 月）、秋季（9 月 ~ 11 月）、冬季（12 月 ~ 次年 2 月）。每个季节选取一个月作为一个时段进行测量。

空调供冷系统能效：空调供冷系统能效与结构、配置和系统运行状态有关。PUE 是目前可量化数据中心用能效率评估指标。由于数据中心在不同的外部环境下耗电情况不同，冬季的空调耗电较少，夏季的空调耗电较高，另外，数据中心的 IT 设备的数量也会由于客户业务发展的不同而有所变化，因此，PUE 值的评价基数必须为一年 365 天的数据中心总耗电量和信息设备总耗电量。测试目的是优化设备的规划、建造、安装、启动、调试和运行，使数据中心的设计目标构建一个灵活的、模块化的和可扩展的数据中心。

数据中心的检测和评估将会保障数据中心在生命周期内更好地运行，如果维护得好，生命周期就能更长一些。

第四节 蓄冷

一、数据中心蓄冷简述

（一）数据中心蓄冷问题的提出

蓄冷，即利用蓄冷介质的显热或潜热特征，用一定方式将冷量存储起来。对于建筑而言，其维护结构，内部的空气、办公用设备等任何具有质量的物质均具有蓄冷性能，只是其物质蓄冷密度及冷量释放的速率不同而已。

当办公楼内的空调系统出现故障时，一般短时间内人体无法感觉到室内温度的明显变化，主要有以下两个方面的原因：

（1）办公楼内热负荷比较小，单位时间内所需求的冷量比较小。

（2）建筑围护结构及建筑内的物质具有一定的蓄冷能力，能维持室内的温度保持在一定范围内。

而数据中心作为一种特殊的建筑，其空调系统出现故障时，会造成室内温度迅速的上升，超过IT设备承受的能力而造成设备的宕机。一般IT设备的报警温度为30℃左右，当数据中心空调系统停止运行时，房间的温度会在几分钟内迅速上升至服务器宕机温度。

（1）市电断电后用启动柴油发电机发电来启动空调机工作。空调机启动这段时间内IT设备的发热量引起机房的温度升高。

（2）空调启动后，当空调制冷量没有达到IT设备发热量时，将继续引起机房温度升高。当空调制冷量等于IT设备发热量时，这时机房的温度达到最高。

（3）空调制冷量超过IT设备发热量时，此时机房温度开始降低，直至达到正常温度。

早期的数据中心，由于其机柜的供电功率密度低，在市电停止到柴油发电机启动给空调供电制冷这段时间内，由于建筑、空气及设备的蓄冷功能，房间内的空气温度不会上升至服务器宕机温度，故数据中心无须设置蓄冷设备。

随着IT功率密度越来越大，建筑及设备的蓄冷量已经无法满足IT设备的要求，故在目前建设的高密度数据中心中，均设置了蓄冷设备。在遇到电力中断时，每个服务器机架功率为 10 kW 的数据中心的服务器在 6 min 内因过热而关机。而在每个机架 5kW 的数据中心内，过热关机时间也仅为 8 min。

从上述论述中可以发现，高密度数据中心设置蓄冷设备的必要性。

（二）数据中心相关标准对于蓄冷的设置要求

数据中心分为 A、B、C 三个级别，每一级别的数据机房都要求有一个安全、可靠运行的空调系统来保证机房内所有计算机及其配套设备的正常运行。对每一级别机房的空调系统使用的主要设备规范都提出了不同的设置冗余、备份的措施要求。

对 A 类数据中心冷水机组、冷水循环水泵、冷却循环水泵等需按 V+（= I ~ Ⅳ）冗余要求配置。空调系统的动力来源均为电力，虽然主要系统、部件都设置了冗余、备份，但还需要考虑为空调系统供电的电力系统发生意外停电故障时，若建筑内的自然蓄冷无法满足 IT 设备的持续运行，需要考虑一定的蓄冷设备。

二、数据中心常用蓄冷方式

蓄冷技术按介质分类可分为：水蓄冷、冰蓄冷、其他相变蓄冷材料蓄冷等。

当冷量以显热或潜热形式储存在某种介质中，并能够在需要时放出冷量的空调系统称为蓄冷空调系统，简称蓄冷系统。蓄冷空调系统主要有水蓄冷空调系统和冰蓄冷空调系统两种：通过制冰方式以相变潜热储存冷量，并在需要时融冰释放出冷量的空调系统称为冰蓄冷空调系统；利用水的显热储存冷量的系统称为水蓄冷系统。

考虑到数据中心运行的安全性，一般目前数据中心设计均采用水蓄冷的方式。也有数据中心利用冰蓄冷的方式，把冰蓄冷的削峰填谷的作用与数据中心容灾系统结合起来，不过此系统控制过于复杂，不适合高可靠性的数据中心使用。

三、蓄冷模式的选择

目前，项目中常应用的有两种蓄冷模式，一种是闭式承压罐的蓄冷模式，另外一种为开式定压蓄冷罐模式。另外，蛇形盘管、低温水蓄冷、冰蓄冷及开式水池蓄冷模式在特定的项目调试下会使用。

对于各种蓄冷的模式的优缺点，下面将进行一一论证。

（一）蓄冷方式简介

1. 自然分层蓄冷

利用水在不同温度下密度不同而实现自然分层。一般来说，自然分层方法是最简单、有效和经济的。如果设计合理，蓄冷效率高。

2. 多罐式蓄冷

将冷水与热水分别储存在不同的罐中，以保证送至负荷侧的冷水温度维持不变。多罐系统在运行时其个别蓄水罐可以从系统中分离出来进行检修维护。但系统的管路和控制较复杂，初投资和运行维护费用较高。

3. 迷宫式蓄冷

采用隔板把蓄水槽分成很多个单元格，水流按照设计的路线依次流过每个单元格。但在蓄冷和放冷过程中有热水从底部进口进入或冷水从顶部进口进入，这样易因浮力造成混合。另外，水的流速过高会导致扰动及冷热水的混合；流速过低会在单元格中形成死区，降低蓄冷系统的容量。

4. 隔膜式蓄冷

在蓄水罐内部安装一个活动的柔性隔膜或一个可移动的刚性隔板，来实现冷热水的分离，通常隔膜或隔板为水平布置。这样的蓄水罐可以不用散流器，但隔膜或隔板的初投资和运行维护费用与散流器相比并不占优势。

（二）闭式承压蓄冷罐蓄冷模式

1. 闭式蓄冷罐系统设计

闭式承压罐蓄冷模式最容易理解，早期数据中心蓄冷量不是很大的情况下，采用扩大管道直径来提高蓄冷水容量的体积，即最初蓄冷采用蛇形盘管的模式，随着需冷量的逐步增大，调整为蓄冷罐，能够提供更大的需冷量。

蓄冷水管串联与系统中，水罐的水温与系统设计水温一致，其设计为闭式承压罐。

2. 方案的优势

（1）响应时间比较快；

（2）相比蛇形管，占地面积小，蓄冷密度大。但是须占据制冷机房面积。

3. 方案的不足

（1）由主机正常供冷时冷冻水循环也须经过水罐，增加设备功耗；

（2）由于蓄冷罐须承压，投资造价高。

（三）开式蓄冷罐蓄冷模式

开式蓄冷罐的设计源于常规的水蓄冷设计思路，采用大型开式蓄冷罐的蓄冷系统。常规的水蓄冷，利用波谷电价差，晚上制冷，白天释冷。

对于一次泵系统，需要采用并联的环路设计，通过电动调节阀来控制蓄冷罐的开启。

对于二次泵系统，蓄冷罐作为一、二次系统的调节端，蓄冷罐在线运行。

1. 方案的优势

（1）采用比运行温度更低的蓄冷温度，蓄冷水池体积小；

（2）无须用板式换热器，占地面积小；

（3）并联运行，维修方便。

2. 方案的不足

水罐高、直径比相对较大，施工难度加大。

（四）并联地下水池蓄冷模式

由于该系统为开式系统，布置在地下的存储水池必须通过换热器对空调回水进行换热制冷。当遇到市电停电的紧急情况，切换至水蓄冷系统，放冷水水泵及换热器通过 UPS 电源持续供电工作，保证机房供冷要求。

1. 方案的优势

常规水池，施工简单。

2. 方案的不足

须用板式换热器，初投资成本高。

四、纯冗灾运行模式水蓄冷系统在数据中心的运用

水蓄冷技术主要有以下优势：

（1）水蓄冷系统可与原空调系统"无缝"连接，无须再额外配置蓄冷冷源或对原系统用冷水机组进行调整；

（2）水蓄冷系统的冷水温度与原系统的空调冷水温度相近，可考虑直接使用，不需要设额外的设备对冷水温度进行调整；

（3）水蓄冷系统有完善的自控系统，专门针对应急冷源系统进行优化，控制简单，运行安全可靠，在出现紧急状况时可及时投入使用。

用于数据中心的水蓄冷系统按照是否需要板式换热器可分为有板式换热器与无板式换热器两种，其中有板式换热器系统主要是针对地下水池系统。无板式换热器系统又可分为开式系统和闭式系统，开式系统目前比较常见的主要有地面水罐、楼顶水槽、楼槽结合；闭式系统目前比较常见的主要是承压水罐等。按照连接方式可分为串联系统和并联系统。

无论对于哪种蓄冷模式，其均有相应的适应环境，需要根据不同的工程特点选择合理的蓄冷模式。

参考文献

[1] 平良帆，吴根平，杜艳斌．建筑暖通空调及给排水设计研究 [M]. 长春：吉林科学技术出版社，2021.

[2] 连之伟．民用建筑暖通空调设计室内外计算参数导则 [M]. 上海：上海科学技术出版社，2021.

[3] 黄翔，邵双全，吴学渊．绿色数据中心高效适用制冷技术及应用 [M]. 北京：机械工业出版社，2021.

[4] 申欢迎，张丽娟，夏如杰．通风空调管道工程 [M]. 镇江：江苏大学出版社，2021.

[5] 申小中，祁小波，孙万富．空调技术 [M]. 第 2 版．北京：化学工业出版社，2021.

[6] 孟建民．建筑工程设计常见问题汇编暖通分册 [M]. 北京：中国建筑工业出版社，2021.

[7] 徐小艳．建筑空调联合优化策略 [M]. 北京：中国石化出版社，2021.

[8] 张华伟．暖通空调节能技术研究 [M]. 北京：新华出版社，2020.

[9] 周震，王奎之，秦强．暖通空调设计与技术应用研究 [M]. 北京：北京工业大学出版社，2020.

[10] 余俊祥，高克文，孙丽娟．疾病预防控制中心暖通空调设计 [M]. 杭州：浙江大学出版社，2020.

[11] 张华伟．建筑暖通空调设计技术措施研究 [M]. 北京：新华出版社，2020.

[12] 王子云．暖通空调技术 [M]. 北京：科学出版社，2020.

[13] 晁岳鹏，宋全团，张会粉．暖通空调安装与自动化控制 [M]. 长春：吉林科学技术出版社，2020.

[14] 石晓明，魏光远．暖通 CAD[M]. 北京：机械工业出版社，2020.

[15] 王亮，鲍振洲，王衡．建筑施工技术与暖通工程 [M]. 长春：吉林科学技术出版社，2020.

[16] 李祥业，刘景良，康健．土木工程施工与暖通工程技术 [M]. 长春：吉林科学技术出版社，2020.

[17] 冷飚，许云峰，徐华．数据中心基础设施运维基础教程 [M]. 北京：北京邮电大学

出版社，2020.

[18] 杜芳莉 . 空调工程理论与应用 [M]. 西安：西北工业大学出版社，2020.

[19] 刘炳强，王连兴，刁春峰 . 建筑结构设计与暖通工程研究 [M]. 长春：吉林科学技术出版社，2020.

[20] 姚杨 . 暖通空调热泵技术 [M]. 北京：中国建筑工业出版社，2019.

[21] 李联友 . 暖通空调施工图识读 [M]. 北京：中国电力出版社，2019.

[22] 江克林 . 暖通空调节能减排与工程实例 [M]. 北京：中国电力出版社，2019.

[23] 陈东明 . 建筑给排水暖通空调施工图快速识读 [M]. 合肥：安徽科学技术出版社，2019.

[24] 丁云飞，于丹，方照嵩 . 空调冷热源工程 [M]. 北京：机械工业出版社，2019.

[25] 黄翔 . 蒸发冷却空调原理与设备 [M]. 北京：机械工业出版社，2019.

[26] 马国远，孙晗 . 制冷空调环保节能技术 [M]. 北京：中国建筑工业出版社，2019.

[27] 田娟荣 . 通风与空调工程 [M]. 北京：机械工业出版社，2019.

[28] 李高建 . 制冷空调装置的自动控制技术研究 [M]. 北京：中国纺织出版社，2019.

[29] 张朝晖 . 制冷空调技术创新与实践 [M]. 北京：中国纺织出版社，2019.

[30] 朱彩兰 . 空气调节与中央空调装置 [M]. 北京：中国劳动社会保障出版社，2019.